U0336873

同济博士论丛
TONGJI Dissertation Series

总主编 伍 江 副总主编 雷星晖

李芳菲 孙继涛 著

基因调控系统的分析与控制

Analysis and Control of Genetic
Regulatory Networks

同济大学 出版社
TONGJI UNIVERSITY PRESS

内 容 提 要

本书研究几类基因调控系统的分析与控制问题.第 1 章为引言部分,介绍研究背景、研究概况以及所要用到的基础知识.第 2 章讨论布尔网络的可控性、时间最优控制以及无限时域的最优控制问题.第 3 章研究多值逻辑系统的稳定、镇定以及同步问题.第 4 章解决概率布尔网络的可控性与稳定性问题.第 5 章提出具有脉冲效应的布尔网络,并给出其稳定、镇定以及可观测的充分必要条件.第 6 章考虑具有时滞的布尔网络的控制问题.

本书可供相关领域的教师、科研人员、研究生及高年级本科生使用.

图书在版编目(CIP)数据

基因调控系统的分析与控制 / 李芳菲,孙继涛著.
—上海:同济大学出版社,2018.3
  (同济博士论丛 / 伍江总主编)
  ISBN 978 - 7 - 5608 - 7776 - 1

  Ⅰ. ①基… Ⅱ. ①李…②孙… Ⅲ. ①基因—调控系统 Ⅳ. ①Q343.1

中国版本图书馆 CIP 数据核字(2018)第 047311 号

基因调控系统的分析与控制

李芳菲　孙继涛　著

出 品 人	华春荣	责任编辑	张智中	熊磊丽
责任校对	谢卫奋	封面设计	陈益平	

出版发行　同济大学出版社　www.tongjipress.com.cn
　　　　　(地址:上海市四平路 1239 号　邮编:200092　电话:021 - 65985622)
经　　销　全国各地新华书店
排版制作　南京展望文化发展有限公司
印　　刷　浙江广育爱多印务有限公司
开　　本　787 mm×1092 mm　1/16
印　　张　12.5
字　　数　250 000
版　　次　2018 年 3 月第 1 版　　2018 年 3 月第 1 次印刷
书　　号　ISBN 978 - 7 - 5608 - 7776 - 1

定　　价　60.00 元

"同济博士论丛"编写领导小组

组　　　长：杨贤金　钟志华

副　组　长：伍　江　江　波

成　　　员：方守恩　蔡达峰　马锦明　姜富明　吴志强
　　　　　　徐建平　吕培明　顾祥林　雷星晖

办公室成员：李　兰　华春荣　段存广　姚建中

袁万城　莫天伟　夏四清　顾　明　顾祥林　钱梦騄

徐　政　徐　鉴　徐立鸿　徐亚伟　凌建明　高乃云

郭忠印　唐子来　闾耀保　黄一如　黄宏伟　黄茂松

戚正武　彭正龙　葛耀君　董德存　蒋昌俊　韩传峰

童小华　曾国苏　楼梦麟　路秉杰　蔡永洁　蔡克峰

薛　雷　霍佳震

秘书组成员：谢永生　赵泽毓　熊磊丽　胡晗欣　卢元姗　蒋卓文

总　序

　　在同济大学110周年华诞之际，喜闻"同济博士论丛"将正式出版发行，倍感欣慰。记得在100周年校庆时，我曾以《百年同济，大学对社会的承诺》为题作了演讲，如今看到付梓的"同济博士论丛"，我想这就是大学对社会承诺的一种体现。这110部学术著作不仅包含了同济大学近10年100多位优秀博士研究生的学术科研成果，也展现了同济大学围绕国家战略开展学科建设、发展自我特色，向建设世界一流大学的目标迈出的坚实步伐。

　　坐落于东海之滨的同济大学，历经110年历史风云，承古续今、汇聚东西，秉持"与祖国同行、以科教济世"的理念，发扬自强不息、追求卓越的精神，在复兴中华的征程中同舟共济、砥砺前行，谱写了一幅幅辉煌壮美的篇章。创校至今，同济大学培养了数十万工作在祖国各条战线上的人才，包括人们常提到的贝时璋、李国豪、裘法祖、吴孟超等一批著名教授。正是这些专家学者培养了一代又一代的博士研究生，薪火相传，将同济大学的科学研究和学科建设一步步推向高峰。

　　大学有其社会责任，她的社会责任就是融入国家的创新体系之中，成为国家创新战略的实践者。党的十八大以来，以习近平同志为核心的党中央高度重视科技创新，对实施创新驱动发展战略作出一系列重大决策部署。党的十八届五中全会把创新发展作为五大发展理念之首，强调创新是引领发展的第一动力，要求充分发挥科技创新在全面创新中的引领作用。要把创新驱动发展作为国家的优先战略，以科技创新为核心带动全面创新，以体制机制改革激发创新活力,以高效率的创新体系支撑高水平的创新型国家建设。作为人才培养和科技创新的重要平台,大学是国家创新体系的重要组成部分。同济大学理当围绕国家战略目标的实现,作出更大的贡献。

大学的根本任务是培养人才,同济大学走出了一条特色鲜明的道路。无论是本科教育、研究生教育,还是这些年摸索总结出的导师制、人才培养特区,"卓越人才培养"的做法取得了很好的成绩。聚焦创新驱动转型发展战略,同济大学推进科研管理体系改革和重大科研基地平台建设。以贯穿人才培养全过程的一流创新创业教育助力创新驱动发展战略,实现创新创业教育的全覆盖,培养具有一流创新力、组织力和行动力的卓越人才。"同济博士论丛"的出版不仅是对同济大学人才培养成果的集中展示,更将进一步推动同济大学围绕国家战略开展学科建设、发展自我特色、明确大学定位、培养创新人才。

面对新形势、新任务、新挑战,我们必须增强忧患意识,扎根中国大地,朝着建设世界一流大学的目标,深化改革,勠力前行!

万　钢

2017 年 5 月

论丛前言

　　承古续今，汇聚东西，百年同济秉持"与祖国同行、以科教济世"的理念，注重人才培养、科学研究、社会服务、文化传承创新和国际合作交流，自强不息，追求卓越。特别是近20年来，同济大学坚持把论文写在祖国的大地上，各学科都培养了一大批博士优秀人才，发表了数以千计的学术研究论文。这些论文不但反映了同济大学培养人才能力和学术研究的水平，而且也促进了学科的发展和国家的建设。多年来，我一直希望能有机会将我们同济大学的优秀博士论文集中整理，分类出版，让更多的读者获得分享。值此同济大学110周年校庆之际，在学校的支持下，"同济博士论丛"得以顺利出版。

　　"同济博士论丛"的出版组织工作启动于2016年9月，计划在同济大学110周年校庆之际出版110部同济大学的优秀博士论文。我们在数千篇博士论文中，聚焦于2005—2016年十多年间的优秀博士学位论文430余篇，经各院系征询，导师和博士积极响应并同意，遴选出近170篇，涵盖了同济的大部分学科：土木工程、城乡规划学（含建筑、风景园林）、海洋科学、交通运输工程、车辆工程、环境科学与工程、数学、材料工程、测绘科学与工程、机械工程、计算机科学与技术、医学、工程管理、哲学等。作为"同济博士论丛"出版工程的开端，在校庆之际首批集中出版110余部，其余也将陆续出版。

　　博士学位论文是反映博士研究生培养质量的重要方面。同济大学一直将立德树人作为根本任务，把培养高素质人才摆在首位，认真探索全面提高博士研究生质量的有效途径和机制。因此，"同济博士论丛"的出版集中展示同济大学博士研究生培养与科研成果,体现对同济大学学术文化的传承。

"同济博士论丛"作为重要的科研文献资源,系统、全面、具体地反映了同济大学各学科专业前沿领域的科研成果和发展状况。它的出版是扩大传播同济科研成果和学术影响力的重要途径。博士论文的研究对象中不少是"国家自然科学基金"等科研基金资助的项目,具有明确的创新性和学术性,具有极高的学术价值,对我国的经济、文化、社会发展具有一定的理论和实践指导意义。

"同济博士论丛"的出版,将会调动同济广大科研人员的积极性,促进多学科学术交流、加速人才的发掘和人才的成长,有助于提高同济在国内外的竞争力,为实现同济大学扎根中国大地,建设世界一流大学的目标愿景做好基础性工作。

虽然同济已经发展成为一所特色鲜明、具有国际影响力的综合性、研究型大学,但与世界一流大学之间仍然存在着一定差距。"同济博士论丛"所反映的学术水平需要不断提高,同时在很短的时间内编辑出版110余部著作,必然存在一些不足之处,恳请广大学者,特别是有关专家提出批评,为提高同济人才培养质量和同济的学科建设提供宝贵意见。

最后感谢研究生院、出版社以及各院系的协作与支持。希望"同济博士论丛"能持续出版,并借助新媒体以电子书、知识库等多种方式呈现,以期成为展现同济学术成果、服务社会的一个可持续的出版品牌。为继续扎根中国大地,培育卓越英才,建设世界一流大学服务。

伍 江

2017 年 5 月

前　言

　　本书研究几类基因调控系统的分析与控制问题.第 1 章为引言部分,介绍本书的研究背景、研究概况以及所要用到的基础知识.第 2 章讨论布尔网络的可控性、时间最优控制以及无限时域的最优控制问题.第 3 章研究多值逻辑系统的稳定、镇定以及同步问题.第 4 章解决概率布尔网络的可控性与稳定性问题.第 5 章提出具有脉冲效应的布尔网络,并给出其稳定、镇定以及可观测的充分必要条件.第 6 章考虑具有时滞的布尔网络的控制问题,包括可控性、可观测性以及 Mayer 型的最优控制问题等.第 7 章分别在脉冲控制以及脉冲切换控制下研究连续型基因调控系统的镇定问题,给出充分条件.详细内容如下:

　　(1) 利用 Floyd 算法讨论布尔网络的可控性,并与以往结果比较.同时应用所得结果考虑布尔网络的时间最优控制,给出算法以及相应的控制策略.最后利用布尔网络具有循环的性质研究布尔网络的无限时域的最优控制问题,给出其最优控制的算法.

　　(2) 建立多值逻辑系统与离散系统之间的等价关系,充分考虑逻辑系统自身的特点,给出其全局与局部稳定、镇定的充分必要条件.在此基础上讨论两种情况下的多值逻辑系统的全局与局部的同步问题,其中一种情况为多值逻辑系统的轨线最终进入不动点,另一种情况为该轨线最终进入极限圈,并就这两种情况分别给出相应的控制策略.

(3)分别研究概率布尔网络以概率 1 可控、稳定与镇定问题.通过建立概率布尔变量与随机向量的等价关系,将概率布尔网络转化为一类随机系统,给出了该系统在时间 $t = s$ 以概率 1 可控的充分必要条件,并给出其可控、全局可控的充分条件.此外,我们研究该系统在两类控制下以概率 1 稳定、镇定的充分必要条件.

(4)考虑到生物系统可能在某些时刻由于环境的变化等因素而产生状态的突变,我们首次提出具有脉冲效应的布尔网络.应用迭代算法和反证法我们得到该系统稳定、镇定的充分必要条件.此外,利用线性系统理论的相关知识,我们给出该系统可观的充分必要条件.

(5)首先,对具有常数时滞的布尔网络进行研究,得到其可观测以及可控的充分必要条件.其次,对 μ 阶布尔网络的可控性进行讨论,同时考虑该系统的模型重构问题.最后,对具有变时滞的布尔网络进行讨论,给出可控的充分必要条件,并在此基础上考虑 Mayer 型的最优控制问题,给出算法以及控制策略的设计.

(6)利用比较定理,研究脉冲控制下的一类调控函数为 Hill 型的基因调控系统的镇定问题.构造李雅普诺夫函数,考虑脉冲切换控制下的乳糖操纵子模型的镇定问题,得到充分条件,并给出数值例子.数值例子所研究的系统是不稳定的,但在脉冲切换控制下为稳定的,验证了判据的有效性.

目　录

第1章
引　言

1.1　研　究　背　景

　　系统生物学是一个新兴的研究领域,其目的在于对生物系统进行系统层面上的分析.目前科学界普遍的共识是,生命现象是不可能通过分析其组成的基本单元(基因、蛋白质和生化代谢物)彻底解释清楚的,而需要通过从组成系统基本单元的相互作用和它们的动态行为入手进行系统性研究,才能最终回答物种形成和执行生命功能的科学问题.系统生物学(Systems Biology)就是在这种背景下诞生的.

　　系统生物学不是研究单个细胞的行为,而是致力于研究细胞网络中的基因、蛋白质、DNAs、RNAs 的行为及其相互关系.为了在分子层面上了解生物体的功能,我们需要知道生物体中的哪些基因什么时候、在哪里被表达,表达到何种程度.基因表达的调控是通过基因调控系统来实现的.

　　基因调控系统是一类动力学系统,基因调控系统的发现为研究生物体的基因的调控以及定性分析提供了有力的工具.目前,一些相关文献提出了几类数学模型来构建基因调控系统,这些模型包括贝叶斯网络、布尔网络、非线性常微分方程模型等.在这些系统中,布尔网络和非线性常微分方程的基因调控系统有着广泛的应用[1].

Kauffman 在 1969 年提出布尔网络[2],并用其描述和刻画细胞和基因调控系统. 实际上,早在 1943 年,McCulloch 和 Pitts 在其论文《内在神经活动的逻辑微积分》一文中宣称:"大脑可以模拟成逻辑运行的网络,比如'与'、'或'、'非'等". 1961 年到 1963 年,Jacob 和 Monod 发表了他们关于遗传回路的一系列论文,这项工作使他们获得了诺贝尔奖. 他们论述说:"任何细胞都包含着几个调节基因. 这些基因像开关一样,能够打开或关闭其他基因. 如果基因能够相互打开和关闭,那么就会有遗传回路"[3]. 正是在这些工作的基础上,Kauffman 提出了布尔网络模型,其中基因的状态被描述成活跃的(1)或不活跃的(0),节点间的相互关系由逻辑函数来决定.

虽然布尔网络能够很好地描述基因调控系统,但我们注意到,如果基因的状态不仅仅局限于活跃的(1)或不活跃的(0),那么用布尔网络来描述基因调控系统就不合适了. 而这种情况下,可以用更一般的 K -值逻辑系统来描述基因调控系统. K -值逻辑系统是一类具有广泛应用的多值逻辑系统,它的每一个节点从有限集 $\left\{\dfrac{i}{k-1} \,\middle|\, i = 0, 1, \cdots, k-1\right\}$ 中取值,节点之间的关系由逻辑函数来决定,见文献[4]. 事实上,用 K -值逻辑系统来描述基因调控系统更加精确,更接近于真实的情况.

在布尔系统中,目标基因是由输入基因以及布尔函数来决定的. 一旦输入基因和布尔函数确定了,布尔网络也就确定了. 然而,考虑到基因表达过程中内部的随机的特性,用随机的模型来描述基因表达过程更加实用也更加适合. 正是基于这样的考虑,Shmulevich[5] 提出了概率网络,这个网络不仅包括布尔网络的一些性质,还包括了不确定性. 因此,对此类系统的研究是非常有意义的.

此外,脉冲现象作为一种瞬时突变现象,在许多实际系统如神经网络、人工智能、通讯系统和生物系统等领域中都是广泛存在的. 例如种群系统的补给、电路系统开关的闭合、通信中的调频系统、机械运动过程或其他振动过程突然遭受外在的强迫力(如打击或碰撞)等,都可能导致脉冲现象的发生[6-9]. 同样,由于环境的变化等,布尔网络可能在某些时刻经历状态的突然变化,即系统产生脉冲现象. 基于这样的考虑,文献[10]提出具有脉冲效应的布尔网络,它是对客观世界的某些现象的自然描述. 就我们所知,对具有脉冲效应的布尔网络的研究目前还没有什么结果.

时滞是客观世界与工程技术中普遍存在的问题. 目前关于时滞系统以及其在交通、通信、化工过程、电力、生态、经济等众多领域中的应用已有不少论著. 多年来,对时滞系统的控制问题的研究一直是自动控制领域的热门课题之一,也取得了丰富的成果,例如文献[11‐14]等. 注意到基因调控系统中也有滞后[15,16],对具有滞后的布尔网络的研究也是一个不能忽视的课题.

应用常微分方程来构建模型在科学与工程的动力系统建模中有着普遍的应用. 常微分方程的模型已被广泛用于分析基因调控系统,该模型将RNAs、蛋白质以及其他分子的浓度表示为从非负集合中取值的依赖时间的变量,而他们彼此间调控的关系则以各个浓度为变量的函数和微分的关系表示出来. 具体说来,就是把基因的调控表示为数学模型,如 $\dfrac{\mathrm{d}x_i}{\mathrm{d}t} = f_i(x)$, $1 \leqslant i \leqslant n$, 其中 $x = [x_1, \cdots, x_n]^{\mathrm{T}}$ 为蛋白质,mRNAs 或一些小分子的浓度的向量. $f_i: R^n \to R$ 通常为 Hill 型或 Michaelis‐Menten 型的非线性调控函数. 正因为基因调控系统概括了基因表达以及生物体的重要特征,所以该系统一经发现,学界便迅即形成了对其进行研究的热潮.

众所周知,可控性、可达性和可观性等是系统控制理论研究中极为重要的课题,其与系统的极点配置,系统分解,以及控制器设计都有十分密切的联系[17-22]. 因此,关于基因调控系统的定性性质(稳定性、可镇定性以及可控性、可观性等)的研究,一直是相关学者致力于的对象,并取得了一些成果.但我们注意到,由于基因调控系统的复杂性以及一些特殊性质,关于其分析与控制问题有待进一步地研究.

基于此,本书将主要研究基因调控系统的分析与控制问题.主要包括布尔网络、K-值逻辑系统、概率布尔网络、具有时滞或脉冲效应的布尔网络的分析与控制问题以及常微分方程形式的基因调控系统的镇定问题.

1.2 研 究 概 况

基因调控系统是一类动力学系统,为研究生物体中的基因表达提供了有力的工具.目前,一些相关文献提出了几类数学模型来构建基因调控系统,这些模型包括贝叶斯网络、连续型基因调控系统(常微分方程模型)、分段线性以及分段仿射系统、布尔网络等[1].

1.2.1 布尔网络

布尔网络能够较好地揭示细胞和基因的结构和演化过程,因此它吸引了包括系统生物学家、系统科学家们的注意,也是他们共同关心的热点问题.目前主要关注的问题有布尔网络的拓扑结构、控制问题等.

对布尔网络的拓扑结构的研究主要是对其不动点、极限圈等吸引子性质进行研究[23-29].我们注意到布尔网络是一个逻辑系统,而逻辑系统的数学分析的工具很少,因此在讨论上存在困难.上述的大多数文章都是对具体系统的拓扑结构进行讨论,缺少一般性的结果.正是基于这样的考虑,文献[30]应用矩阵的半张量积的方法,将逻辑动态系统转化为离散动态系统.这个转化使得许多经典的处理离散系统的数学工具可以直接用来分析逻辑动态系统.此外,文献[30]也给出了布尔网络的不动点以及极限圈性质的一般性结果. 矩阵的半张量积将普通的矩阵乘法推广到两个任意维数的矩阵的乘法, 它在线性系统的解耦中[31]、一些物理以及数学问题[32,33]、控制系统的分析与设计[34-36] 以及电力系统中有着广泛的应用[37]. 关于矩阵的半张量积的定义以及相关的知识可以参见文献[38,39].

近年来, 对布尔控制网络的研究兴趣正在上升. 文献[40]指出: "系统生物学的主要目标之一就是要发展复杂生物系统的控制理论." 因此, 布尔网络的控制问题也是系统科学家关心的重要问题. 文献[41]应用矩阵的半张量积的理论讨论了布尔系统的可控性与可观性, 并且给出了系统在时刻 $t=s$ 可控的充要条件以及系统可控与全局可控的充分条件. 文献[42]在此基础上发展了输入状态关联矩阵的方法, 得到了布尔网络可控与全局可控的充要条件. 文献[43]应用 floyd 算法, 从可达路径的长度的角度考虑, 也给出了布尔网络的可控与全局可控的充要条件, 并且与文献[42]相比较, 迭代的次数大大减少. 考虑到实际情况, 在动态过程中, 可能需要避免一些状态, 文献[44]考虑了此种情况下的可控性问题.

文献[45]提出用向量距离来研究布尔网络的稳定与镇定问题, 给出了布尔网络稳定与镇定的充分条件以及充分必要条件. 此外, 对其最优控制的研究也有结果, 见文献[46], 该文章应用最大值原理讨论了布尔网络的 Mayer 型的最优控制问题, 得到了必要条件. 文献[47]以及文献[48]讨论了布尔网络的空间与子空间理论, 并在建立子空间的基础上给出了布尔网络解耦的充分必要条件[49]. 值得指出的是, 文献[49]有一些小问题, 文献[50]也指出了错误, 并且修正了关于布尔网络干扰解耦的结果. 对布尔网络的研究还有一些关于其模型重构、可实现以及系统辨识的结果, 也是非常重要的, 具体可以参考文献[51-53].

和布尔网络相比, K-值逻辑系统描述基因调控系统更加精确, 更接近于真实的情况. 因此, K-值逻辑系统的拓扑结构、稳定、同步以及可镇定、可控性、可观性等分析与控制问题的研究是非常有意义的. 最近文献[4]研究了多值逻辑系统的吸引子等拓扑结构性质以及其可控性. 多值逻辑系统的最优控制问题也是控制论专家们关心的热点问题. 文献[54]考虑了多值逻辑系统的无穷时域的最优控制问题,即对该系统设计控制律 $u(t)$,极大化目标函数 $J(u) = \varlimsup_{T \to \infty} \frac{1}{T} \sum_{t=1}^{T} P(x(t), u(t))$. 该文献指出多值逻辑系统的最优控制问题可以转化为寻找其最优简单环的问题. 但是如何找出这样的最优简单环,该文献并没有给出结论. 正是在此基础上,文献[55]基于floyd 算法,给出了找到最优简单环的算法,最终解决了该目标函数下的最优控制的问题. 我们注意到现实世界中,很多情况下重视前期的成本更有意义,比如一些疾病问题等. 正是基于这样的考虑,文献[43]考虑了成本函数为 $J(u) = \lim_{M \to \infty} \sum_{t=0}^{M-1} \alpha^t P(x(t), u(t))$ 的最优控制问题,其中 $\alpha < 1$ 为贴现因子,表示早期的成本比较重要. 疾病的治疗这种问题中, $\alpha < 1$ 表示病人早期的治疗比晚期的治疗更加重要.

除了确定性布尔网络外,概率布尔网络也是一个研究热点. 文献[5]首次提出了概率布尔网络,并将其转化为马尔科夫链. 在此基础上,人们首先是对概率布尔网络的平衡态进行研究,参见文献[56,57]. 对概率布尔网络的最优控制问题的研究一直是控制论学者关注的热点问题. 文献[58]利用整数规划的方法讨论了概率布尔网络的有限时域的最优控制问题. 利用随机动态规划来研究其最优控制问题也是十分有效的,例如文献[59-64]. 此外,对概率布尔网络的可控性以及稳定性、可镇定性的研究也有一些值得借鉴的结果,如文献[65,66]等.

另外,在现实世界中,某些演变过程,特别是生物系统,可能在某些时刻经历状态变量的突然改变,从而产生脉冲动力系统问题. 同样,由于环境的变化等,逻辑系统可能在某些时刻经历状态的突然变化,即系统产生脉冲现象. 基于这样的考虑,我们首次提出具有脉冲效应的布尔网络,它也是对客观世界的某些现象的自然描述.我们对具有脉冲效应的布尔网络的稳定、镇定以及观测性问题进行了讨论[10,67].

时滞是客观世界与工程技术中普遍存在的问题.因此对具有时滞的布尔网络的讨论也吸引了大量学者的注意.文献[68],文献[69]分别首次讨论了具有常数时滞的布尔网络的可控性与可观性,给出了系统在时刻 $t = s$ 可控的充要条件.但我们注意到上述文献所研究的布尔网络的每个节点的时滞是相同的,并且为不变的.而高阶布尔网络(一类每个节点的时滞互不相同的布尔网络)更接近于真实情况,也更有意义.因此文献[70]讨论了高阶布尔网络的可控性以及模型的重构问题.此外,文献[71]研究了每个节点的时滞为变时滞这样更为一般的布尔网络的可控性以及 Mayer 型最优控制问题.

1.2.2 连续型基因调控系统

目前对连续型基因调控系统(常微分方程形式)的研究一般集中在调控函数为 Hill 型或 Michaelis-Menten 型的基因调控系统、基因振荡器以及基因切换系统上.主要的工作是研究其稳定性、多稳定性等分析问题以及可镇定性、滤波分析等控制问题.

调控函数为 Hill 型或 Michaelis-Menten 型的基因调控系统,其主要的结果在于研究其稳定性方面.文献[72]首次研究了带有 SUM 调控的基因调控系统的稳定性,该文献假设其调控函数为 Hill 形式,通过证明该系统为一类 Lur'e 系统,进而研究了其渐近稳定性.类似地,文献[73]研究了其全局指数稳定性,文献[74]讨论了其鲁棒稳定性.此外,从现实的角度考虑,对基因调控系统进行建模时,随机的噪声也是不可忽略的.因此,对带有噪声的基因调控系统的研究也是有着重要的现实意义的,目前也有很多可以借鉴的研究结果,例如研究其渐近稳定性、指数稳定性等[75-79].另一方面,时滞现象也是研究基因调控系统稳定性的一个重要的因素,相关的结果有文献[79-83].

关于基因振荡器,目前在其同步问题方面取得了极大的进展.文献[84]研究了一类基因振荡器的同步问题.随后,关于其全局同步、自适应同步、存在时滞或随机干扰下的同步问题也取得了一系列的进展,参见文献[85-87].

文献[88]构造了一类基因切换系统来描述大肠杆菌模型,并指出其具有双稳定的性质.随后,对基因切换系统的双稳定、多稳定性质的研究也引起了学者们的注意.所谓多稳定,指的是系统存在多个平衡点,在此情况下讨论其多个平衡点的稳定性.多稳定性具有实现多个内部状态响应与一个单一的外部输出的能力,在合成生物系统的基因电路设计中起着重要的作用[89,90].

随着控制理论的发展,尤其是脉冲控制理论的发展,利用脉冲控制来镇定非线性系统也可以得到很好的效果,目前一些相关工作非常值得借鉴,并具有一般性[91-96].基于脉冲控制理论,文献[97]应用脉冲控制,利用比较定理的方法,实现了一类基因调控系统的镇定问题.考虑到控制手段的单一,可能给镇定问题的实现带来一定的困难,文献[98]利用脉冲和切换控制的方法,实现了乳糖操纵子的镇定问题,并且给出了具有时滞情况下的镇定的充分条件.

由于噪声等因素的干扰,对观测信号的测量可能和真实的结果有很大的偏差,如何使得测量误差最小是一个重要的研究课题.滤波问题正是研究如何从被噪声污染的观测信号中过滤噪声,尽可能地消除和减少噪声的影响,获得真实信号和系统状态的最优估计.因此,对基因调控系统的滤波的研究显得尤为重要.目前,对于滤波的研究主要有如下几种,卡尔曼滤波及扩展卡尔曼滤波[99],统计线性滤波[100],有界最优滤波[101],指数有界滤波[102],最小方差滤波[103]等.关于滤波问题,还有一些相关的结果,可以参考文献[104-111].尽管滤波问题在控制理论和信号处理理论中被广泛地研究了,但是对于基因调控系统的滤波分析由于技术上的难点,目前得到的结果还是比较少的. 文献[112]研究了线性基因调控系统的滤波问题,文献[113]研究了具有随机干扰的非线性基因调控系统的滤波问题,其他相关的结果可以见参考文献[114-116]. 关于微分方程形式的基因调控系统,还有一些文献讨论其分支问题、辨识问题等[117,118],我们这里不做详细介绍.

1.2.3 其他类型的基因调控系统

除了前面介绍的微分方程形式的基因调控系统以及布尔网络,应用贝叶斯网络、分段仿射系统来构建基因调控系统也比较常见. 其中分段线性、分段仿射系统近年来也吸引了很多学者的注意.

比较常见的分段线性形式的基因调控系统表述如下:

$$\dot{x} = f_i(x) - g(x)x,$$

其中, $f_i(x) = \sum_{l \in R} k_{il} b_i$,并且 $b_{ij}(x)$ 为函数 $s^+(x_j, \theta_j) = \begin{cases} 1, & x_j > \theta_j, \\ 0, & x_j < \theta_j, \end{cases}$,

$s^-(x_j, \theta_j) = 1 - s^+(x_j, \theta_j)$. 很自然地,稳定性问题是控制专家们首要关心的问题. 文献[119]设定了限制使得这个系统在一个循环内有稳态. 可达性、可控性也引起了不少研究人员的兴趣. 文献[120,121]分别利用空间分割的方法分析了这类系统的可达性和可控性. 值得注意的是,目前关于此类系统的研究还大多停留在仿真的层面上. 由于此类系统是在不停地切换,对于其定性研究是非常困难的. 近年来,虽然有一些文献利用分析的方法来探讨此类系统,但是由于此类系统的复杂性和特殊性质,对于其分析层面的研究还没有取得实质的进展. 对这类系统进行分析时,一些学者使用的空间分割的方法以及微分包含的方法,得到了一些相关的稳定性、可控性等. 但是,这些方法存在的一个缺陷是使系统原有的一些比较好的性质丢失. 因此,对于此类系统的研究是有意义的,也有着很大的发展空间.

1.3 基础知识

1.3.1 矩阵的半张量积

本小节我们介绍矩阵的半张量积及其相关的性质,内容选自文献[38].

设 $A \in M_{m \times n}$, $B \in M_{p \times q}$.

(1) 如果 $n = p$,则称 A 与 B 满足等维数关系;

(2) 如果 $n = tp$(记为 $A \succ_t B$),或者 $nt = p$(记为 $A \prec_t B$),则称 A 与 B 满足倍维数关系,否则称一般维数关系.本文只介绍矩阵乘积在倍维数关系下的一种推广,更一般的情况见文献[38].

定义 1.1: 1. 设 X 为 $n = qp$ 维行向量,Y 为 p 维列向量.将 X 等分为 $X = (X^1, X^2, \cdots, X^p)$,这里 $X^i \in R^q$, $i = 1, \cdots, p$,那么 X 与 Y 的半张量积,记作 $X \ltimes Y$,定义为一个行向量

$$X \ltimes Y = \sum_{i=1}^{p} X^i y_i \in R^n,$$

类似的

$$Y^{\mathrm{T}} \ltimes X^{\mathrm{T}} = \sum_{i=1}^{p} y_i (X^i)^{\mathrm{T}} \in R^n$$

为一列向量.

2. 设 $M \in M_{m \times n}$, $N \in M_{p \times q}$,且 $n \mid p$ 或 $p \mid n$,则它们的半张量积 $C = M \ltimes N$ 定义为 $C = (C^{ij})$,其中,子块

$$C^{ij} = \mathrm{Row}_i(M) \ltimes \mathrm{Col}_j(N), \ i = 1, \cdots, m, \ j = 1, \cdots, q.$$

下面给出一个简单的例子.

例 1.1: 1. 设 $\boldsymbol{A} = \begin{bmatrix} 1 & -1 & 2 & 1 \end{bmatrix}$, $\boldsymbol{B} = \begin{bmatrix} 0 & 1 \end{bmatrix}^{\mathrm{T}}$,则

$$A \ltimes B = \begin{bmatrix} 1 & -1 \end{bmatrix} \times 0 + \begin{bmatrix} 2 & 1 \end{bmatrix} \times 1 = \begin{bmatrix} 2 & 1 \end{bmatrix}.$$

2. 设 $A = \begin{bmatrix} 1 & 2 & -1 & 1 \\ 0 & 1 & 2 & 3 \\ 1 & -1 & 1 & 1 \end{bmatrix}$, $B = \begin{bmatrix} -1 & 0 \\ 3 & 2 \end{bmatrix}$, 则

$$A \ltimes B = \begin{bmatrix} \begin{bmatrix} 1 & 2 \end{bmatrix} \times (-1) + \begin{bmatrix} -1 & 1 \end{bmatrix} \times 3 & \begin{bmatrix} 1 & 2 \end{bmatrix} \times 0 + \begin{bmatrix} -1 & 1 \end{bmatrix} \times 2 \\ \begin{bmatrix} 0 & 1 \end{bmatrix} \times (-1) + \begin{bmatrix} 2 & 3 \end{bmatrix} \times 3 & \begin{bmatrix} 0 & 1 \end{bmatrix} \times 0 + \begin{bmatrix} 2 & 3 \end{bmatrix} \times 2 \\ \begin{bmatrix} 1 & -1 \end{bmatrix} \times (-1) + \begin{bmatrix} 1 & 1 \end{bmatrix} \times 3 & \begin{bmatrix} 1 & -1 \end{bmatrix} \times 0 + \begin{bmatrix} 1 & 1 \end{bmatrix} \times 2 \end{bmatrix}$$

$$= \begin{bmatrix} -4 & 1 & -2 & 2 \\ 6 & 8 & 4 & 6 \\ 2 & 4 & 2 & 2 \end{bmatrix}.$$

注释 1.1: (1) 设 $A \in M_{m \times n}$, $B \in M_{p \times q}$. 如果 $n = p$, 则显然 $A \ltimes B = AB$, 半张量积退化为普通的矩阵乘法. 因此, 一般情况下, 半张量积记号 "$\ltimes$" 也可以省略.

(2) 由定义可知, 当 $X \in R^p$ 与 $Y \in R^q$ 同为行(列)向量时, 它们的半张量积 $X \ltimes Y \in R^{pq}$ 是有定义的行(列)向量. 因此

$$X^k = \underbrace{X \ltimes X \ltimes \cdots \ltimes X}_{k}$$

也是有定义的.

结合律与分配律是普通矩阵积的基本性质, 推广相应乘法到半张量积, 它们仍成立.

命题 1.1: (1) 分配律. 对 $a, b \in R$

$$\begin{cases} F \ltimes (aG \pm bH) = aF \ltimes G \pm bF \ltimes H, \\ (aF \pm bG) \ltimes H = aF \ltimes H \pm bG \ltimes H. \end{cases}$$

（2）结合律.

$$(F \ltimes G) \ltimes H = F \ltimes (G \ltimes H).$$

下面给出矩阵的半张量积一些常用的主要性质.

命题 1.2：(1) $(A \ltimes B)^{\mathrm{T}} = B^{\mathrm{T}} \ltimes A^{\mathrm{T}}$.

（2）设 A, B 可逆，则 $(A \ltimes B)^{-1} = B^{-1} \ltimes A^{-1}$.

定理 1.1：(1) 设 $A \succ_t B$，则 $A \ltimes B = A(B \otimes I_t)$.

（2）设 $A \prec_t B$，则 $A \ltimes B = (A \otimes I_t)B$.

命题 1.3：给定 $A \in \mathcal{M}_{m \times n}$.

（1）设 $Z \in R^t$ 为一列向量，则 $ZA = (I_t \otimes A)Z$.

（2）设 $Z \in R^t$ 为一行向量，则 $AZ = Z(I_t \otimes A)$.

本小节的最后，我们介绍换位矩阵 $W_{[m, n]}$. 换位矩阵定义如下：将其列做标签为 $(11, 12, \cdots, 1n, \cdots, m1, m2, \cdots, mn)$，它的行记标签为 $(11, 21, \cdots, m1, \cdots, 1n, 2n, \cdots, mn)$. 换位矩阵的第 IJ 行 ij 列定义为

$$w_{(IJ)(ij)} = \begin{cases} 1, & I = i \text{ 并且 } J = j, \\ 0, & \text{其他}. \end{cases}$$

换位矩阵满足如下性质：

命题 1.4：令 $X \in R^m$，$Y \in R^n$ 为两个列向量，那么

$$W_{[m, n]} \ltimes X \ltimes Y = Y \ltimes X,$$

$$W_{[m, n]} \ltimes Y \ltimes X = X \ltimes Y.$$

1.3.2 逻辑的矩阵表示

一个逻辑变量取值于 $\mathcal{D} = \{0, 1\}$. 常用的一元逻辑算子为"非"（¬）. 常用的二元逻辑算子及其真值表见表 1-1.

表 1 - 1 逻辑函数 $\wedge$, $\vee$, $\rightarrow$, $\leftrightarrow$, $\bar{\vee}$, $\uparrow$, $\downarrow$ 的真值

p	q	$p \wedge q$	$p \vee q$	$p \rightarrow q$	$p \leftrightarrow q$	$p \bar{\vee} q$	$p \uparrow q$	$p \downarrow q$
1	1	1	1	1	1	0	0	0
1	0	0	1	0	0	1	1	0
0	1	0	1	1	0	1	1	0
0	0	0	0	1	1	0	1	1

将逻辑值 1 等同于 δ_2^1 , 即 $1 \sim \delta_2^1$, 逻辑值 0 等同于 δ_2^2 , 即 $0 \sim \delta_2^2$. 在这个向量形式下, 一个逻辑函数 $f : \mathcal{D}^n \rightarrow \mathcal{D}$ 变为映射 $f : \Delta_{2^n} \rightarrow \Delta$.

接下来, 我们介绍逻辑矩阵. 如果一个矩阵 $A \in \mathcal{M}_{m \times n}$, A 的列为集合 Δ_m 中的元素, 则称矩阵 A 为逻辑矩阵. 逻辑矩阵的集合记为 $\mathcal{L}$, $n \times s$ 维的逻辑矩阵的集合记为 $\mathcal{L}_{n \times s}$.

定义矩阵 E_d , $E_d = \delta_2[1, 2, 1, 2]$. 由文献[30], 对任意的两个逻辑变量 u , v 有 $E_d u v = v$ 或者 $E_d W_{[2]} u v = u$.

下面我们介绍一个将在后面有着广泛应用的定理.

定理 1.2(文献[39]): 设 $f(x_1, \cdots, x_n)$ 为一个逻辑函数, 在向量形式下 $f : \Delta_{2^n} \rightarrow \Delta$, 则存在唯一逻辑矩阵 $M_f \in \mathcal{L}_{2 \times 2^n}$, 称为 f 的结构矩阵, 使得

$$f(x_1, \cdots, x_n) = M_f \ltimes x ,$$

这里 $x = \ltimes_{i=1}^n x_i$.

最后, 我们给出常用的逻辑算子的结构矩阵. "非"的结构矩阵为 $M_{\neg} \triangleq M_n = \delta_2[2, 1]$. 另外, 表 1 - 1 中逻辑算子的结构矩阵如下:

$$\boldsymbol{M}_{\wedge} \triangleq \boldsymbol{M}_c = \delta_2[1, 2, 2, 2] , \quad \boldsymbol{M}_{\vee} \triangleq \boldsymbol{M}_d = \delta_2[1, 1, 1, 2] ,$$

$$\boldsymbol{M}_{\rightarrow} \triangleq \boldsymbol{M}_i = \delta_2[1, 2, 1, 1] , \quad \boldsymbol{M}_{\leftrightarrow} \triangleq \boldsymbol{M}_e = \delta_2[1, 2, 2, 1] ,$$

$$\boldsymbol{M}_{\bar{\vee}} = \delta_2[2, 1, 1, 2] , \qquad \boldsymbol{M}_{\uparrow} = \delta_2[2, 1, 1, 1] ,$$

$$\boldsymbol{M}_{\downarrow} = \delta_2[2, 2, 2, 1] .$$

1.3.3 动力系统稳定性

本小节介绍动力系统稳定性的概念.

定义 1.2: 给定一个动力系统 (X, R, π), 若存在点 $x \in X$, 使得对于 $\forall t \in R$ 有 $\pi(x, t) = x$, 称 x 为此动力系统的一个平衡点, 记为 x^e. 以 $\rho(x, x^e)$ 表示 x 与 x^e 的距离, 在 R^n 中, $\rho(x, x^e)$ 常以 $\| x - x^e \|$ 来表示.

下面给出动力系统 (X, R, π) 的平衡点 x^e 的稳定性与吸引性概念. 除非特别声明, 稳定性概念都是指的 Lyapunov 意义下的.

定义 1.3: 若对于 $\forall \varepsilon > 0$, $\exists \delta(\varepsilon)$, 使得当 $\rho(x_0, x^e) < \delta$ 时, $\forall t \geq 0$ 有 $\rho(\pi(x, t), x^e) < \varepsilon$, 称 x^e 是稳定的.

定义 1.4: 若 $\exists \sigma > 0$, 当 $\rho(x, x^e) < \sigma$ 时, 有 $\lim\limits_{t \to +\infty} \pi(x, t) = x^e$, 称 x^e 是吸引的, $D = \{x, \rho(x, x^e) < \sigma\}$ 为 x^e 吸引区域.

定义 1.5: 若 x^e 既是吸引的, 又是稳定的, 称 x^e 是渐近稳定的.

定义 1.6: 若吸引区域为整个 X 空间, 称 x^e 是全局渐近稳定的.

定义 1.7: 若存在 $\alpha > 0$, $\forall \varepsilon > 0$, $\exists \delta(\varepsilon) > 0$, 当 $\rho(x_0, x^e) < \delta$ 时, $\forall t \geq 0$ 有 $\rho(\pi(x, t), x^e) < \varepsilon e^{-\alpha t}$, 称 x^e 是指数稳定的.

定义 1.8: 若对于 $\forall \delta > 0$, $\exists \alpha > 0$, $\exists k(\delta) > 0$, 当 $\rho(x_0, x^e) < \delta$ 时, $\forall t \geq 0$ 有 $\rho(\pi(x, t), x^e) \leq k(\delta) e^{-\alpha t}$, 称 x^e 是全局指数稳定的.

第2章

布尔网络的时间最优控制与无限时域最优控制

本章应用矩阵的半张量积理论和 Floyd 算法考虑布尔网络的可控性以及最优控制问题,共三节. 2.1 节研究布尔网络的时间最优控制,给出可控的充分必要条件以及时间最优控制的算法. 2.2 节讨论布尔网络的无限时域的最优控制问题,给出算法. 2.3 节给出数值例子验证结论的有效性.

首先回顾具有布尔变量 A_1, A_2, $\cdots$, A_n 的布尔网络,动力学表达式如下:

$$\begin{cases} A_1(t+1) = f_1(A_1(t), A_2(t), \cdots, A_n(t)), \\ A_2(t+1) = f_2(A_1(t), A_2(t), \cdots, A_n(t)), \\ \qquad\qquad\vdots \\ A_n(t+1) = f_n(A_1(t), A_2(t), \cdots, A_n(t)), \end{cases} \qquad (2-1)$$

其中 A_1, $\cdots$, $A_n \in \mathcal{D}$, $f_i: \mathcal{D}^n \rightarrow \mathcal{D}$, $i = 1, 2, \cdots, n$ 为逻辑函数, $t = 0$, $1, 2, \cdots$.

一个具有 n 个变量, m 个输入的布尔控制网络描述如下:

$$\begin{cases} A_1(t+1) = f_1(u_1(t), \cdots, u_m(t), A_1(t), \cdots, A_n(t)), \\ A_2(t+1) = f_2(u_1(t), \cdots, u_m(t), A_1(t), \cdots, A_n(t)), \\ \qquad\qquad \vdots \\ A_n(t+1) = f_n(u_1(t), \cdots, u_m(t), A_1(t), \cdots, A_n(t)), \end{cases} \qquad (2-2)$$

其中，A_i，$u_j \in \mathcal{D}$，$i = 1, 2, \cdots, 2^n$，$j = 1, 2, \cdots, 2^m$；$f_i : \mathcal{D}^{n+m} \rightarrow \mathcal{D}$，$i = 1, 2, \cdots, n$ 为逻辑函数.

令 $x(t) = \ltimes_{i=1}^{n} A_i(t)$，由文献[30]我们可以将(2-2)转化为

$$x(t+1) = Lu(t)x(t), \qquad (2-3)$$

其中，$L \in \mathcal{L}_{2^{n \times n+m}}$ 为(2-2)的状态转移矩阵.

2.1 布尔网络的可控性与时间最优控制

本节研究布尔控制网络(2-2)的可控性与时间最优控制. 在给出时间最优控制的结果之前，我们先研究其可控性. 本章的可控性的定义可以参见文献[42]. 将初始状态 X_0 在时间 s 的可达集记做 $R_s(X_0)$，整个时间域上的可达集记为 $R(X_0) = \bigcup_{s=1}^{\infty} R_s(X_0)$.

首先给出两类矩阵计算的定义：

定义 2.1：1. 假设矩阵 $\boldsymbol{A} = (a_{ij})_{m \times l}$，$\boldsymbol{B} = (b_{ij})_{l \times n}$，定义矩阵 $\boldsymbol{C} = \boldsymbol{A} \otimes \boldsymbol{B} = (c_{ij})_{m \times n}$，其中 $c_{ij} = \min(a_{i1} + b_{1j}, a_{i2} + b_{2j}, \cdots, a_{il} + b_{lj})$.

2. 定义矩阵 $\boldsymbol{C} = \boldsymbol{A} \bigoplus \boldsymbol{B} = (d_{ij})_{m \times n}$，其中 $d_{ij} = \min(a_{ij}, b_{ij})$.

注释 2.1：在定义 2.1 中，"$\otimes$"不是 Kronecker 积. 本文中 Kronecker 积记做"$\otimes$".

首先，基于布尔控制网络(2-2)的状态转移矩阵 L，构造矩阵 $\boldsymbol{D}$：如果 $\delta_{2^n}^i$ 和 $\delta_{2^n}^j$ 之间存在一条边（即 $\delta_{2^n}^j$ 可以由 $\delta_{2^n}^i$ 经 1 步可达），将 D_{ij} 记做 1，其中

D_{ij} 是矩阵 $\boldsymbol{D}$ 的第 i 行 j 列元素；如果 $\delta_{2^n}^i$ 和 $\delta_{2^n}^j$ 之间不存在边，那么我们将 D_{ij} 记做 ∞.

其次，构造矩阵 $\boldsymbol{D}^l$ 和 $\boldsymbol{R}^l$. 将 $\boldsymbol{D}_{ij}^l$，$\boldsymbol{R}_{ij}^l$ 分别记为矩阵 $\boldsymbol{D}^l$ 和 $\boldsymbol{R}^l$ 的第 i 行 j 列元素.

类似于文献[55]提出的算法，构造算法如下：

算法 2.1：

1. 令 $D^1 = D$，$R_{ij}^1 = \begin{cases} i, & D_{ij} < \infty, \\ 0, & \text{其他}. \end{cases}$

2. 构造 D^l，$D^l = \underbrace{D \otimes D \otimes \cdots \otimes D}_{l}$，即

$$D_{ij}^l = \min_{\alpha}\{D_{i\alpha}^{l-1} + D_{\alpha j}\}，\ \alpha = 1, 2, \cdots, 2^n. \qquad (2-4)$$

如果存在 α 满足 $(2-4)$ 以及 $0 < D_{ij}^l < \infty$，令 $R_{ij}^l = \alpha$；否则，令 $R_{ij}^l = 0$. □

定理 2.1： 考虑系统 $(2-2)$. 设 $D_{ij}^l = l$，则存在一条从 $\delta_{2^n}^i$ 到 $\delta_{2^n}^j$ 的长度为 l 的路径.

证明　用数学归纳法证明结论. 当 $l = 1$，由 D^1 的定义可以得出结论.

现假设 $D_{ij}^{l-1} = l-1$ 代表 $\delta_{2^n}^i$ 和 $\delta_{2^n}^j$ 间存在一条长度为 $l-1$ 的路径. 注意到如果存在 α，使得

$$D_{ij}^l = \min_{\alpha}\{D_{i\alpha}^{l-1} + D_{\alpha j}\} = l-1+1 = l,$$

则在 $\delta_{2^n}^i$ 和 $\delta_{2^n}^j$ 存在一条长度 l 的路径（即一条从 $\delta_{2^n}^i$ 到 $\delta_{2^n}^\alpha$ 的长度为 $l-1$ 的路径以及一条从 $\delta_{2^n}^\alpha$ 到 $\delta_{2^n}^j$ 的边）. □

定义 $\boldsymbol{D} = D^1 \oplus D^2 \oplus \cdots \oplus D^{2^n}$. 记 $\boldsymbol{D}_{ij}$ 为矩阵 $\boldsymbol{D}$ 的第 i 行 j 列元素，由定理 2.1 有：

定理 2.2：考虑系统(2-2)

1. $x(s) = \delta_{2^n}^j$ 可以由 $x(0) = \delta_{2^n}^i$ 经 s 步可达，当且仅当 $D_{ij}^s = s$.

2. 系统(2-2)在 $x(0) = \delta_{2^n}^i$ 可控，当且仅当 $0 < \boldsymbol{D}_{ij} < \infty$，$j = 1$，$2$，$\cdots$，$2^n$.

3. 系统(2-2)是可控的，当且仅当 $\boldsymbol{D}$ 的所有元素满足 $0 < \boldsymbol{D}_{ij} < \infty$，$i = 1$，$2$，$\cdots$，$2^n$；$j = 1$，$2$，$\cdots$，$2^n$.

注释 2.2：与文献[42]的可控性以及全局可控性的结果相比，本书的判别系统是否可控需迭代 2^n 次，而文献[42]需迭代 2^{m+n} 次. 本书的结果大大缩减了迭代的次数，减少了计算量.

其次，我们研究布尔控制网络(2-2)的时间最优控制，即设计控制策略，使得系统由初始状态到达目标状态所需的时间最短.

由定理 2.2，我们给出如下算法找出系统由 $\delta_{2^n}^i$ 到 $\delta_{2^n}^j$ 所需的最短路径.

算法 2.2：

1. 令 $D^1 = D$，$R_{ij}^1 = \begin{cases} i, & D_{ij} < \infty, \\ 0, & \text{其他}. \end{cases}$ 如果 $0 < D_{ij} < \infty$，则停止，并且 $\delta_{2^n}^i$ 到 $\delta_{2^n}^j$ 所需的最短时间是 1，路径为 $\delta_{2^n}^i$ 到 $\delta_{2^n}^j$；否则，进行步骤 2.

2. 构造矩阵 D^l，$D^l = \underbrace{D \otimes D \otimes \cdots \otimes D}_{l}$，即

$$D_{ij}^l = \min_\alpha \{D_{i\alpha}^{l-1} + D_{\alpha j}\}, \quad \alpha = 1, 2, \cdots, 2^n. \qquad (2-5)$$

对 $l = 2$，如果存在 α 满足(2-5)以及 $0 < D_{ij}^l < \infty$，停止，令 $R_{ij}^l = \alpha$，$\delta_{2^n}^i$ 到 $\delta_{2^n}^j$ 所需的最短时间为 2，其路径为 $\delta_{2^n}^i \to \delta_{2^n}^\alpha \to \delta_{2^n}^j$；否则，令 $R_{ij}^l = 0$，进行步骤 3.

3. 令 $l = l + 1$（即用 $l+1$ 代替 l），进行步骤 2. 通过这样的做法，可以找到最短的时间，相应的路径为 $\delta_{2^n}^i \to \cdots \to \delta_{2^n}^{R_{i\alpha}^l} \to \delta_{2^n}^\alpha \to \delta_{2^n}^j$.

2.2　布尔网络的无限时域最优控制

本节研究布尔网络 (2-2) 的无限时域最优控制问题.

假设每一步的成本函数 $P(x(t), u(t))$ 是有界的,并且引进贴现因子 $\alpha \in (0, 1)$ 使得时间趋于无穷时成本函数仍然收敛. 具体来说,我们的目的是找到控制策略,使得成本函数

$$J(u) = \lim_{M \to \infty} \sum_{t=0}^{M-1} \alpha^t P(x(t), u(t))$$

最小. 将 $\delta_{2^n}^i$ 到 $\delta_{2^n}^j$ 的边的成本记做 $P(\delta_{2^n}^i)$.

成本函数中的 "α" 表示早期的成本比较重要. 在疾病的治疗这种情况下, $\alpha < 1$ 表示病人早期的治疗比晚期的治疗更加重要.

注意到布尔网络 (2-2) 有 2^n 个状态,则该系统的轨线在一段时间后会进入循环. 不失一般性,假设系统在时间 $t = N$ 进入一个长度为 d 的循环 (即 $x(N) \to x(N+1) \to \cdots \to x(N+d) = x(N)$). 定义 $\overline{P}_{d_j} = P(x(N), u(N)) + \alpha P(x(N+1), u(N+1)) + \cdots + \alpha^{d-1} P(x(N+d-1), u(N+d-1))$, 其中 $x(N) = \delta_{2^n}^j$, 则有

$$\begin{aligned}
J(u) &= \lim_{M \to \infty} \sum_{t=0}^{M-1} \alpha^t P(x(t), u(t)) \\
&= \sum_{t=0}^{N-1} \alpha^t P(x(t), u(t)) + \sum_{t=N}^{\infty} \alpha^t P(x(t), u(t)) \\
&= \sum_{t=0}^{N-1} \alpha^t P(x(t), u(t)) + \alpha^N \big[P(x(N), u(N)) \\
&\quad + \alpha P(x(N+1), u(N+1)) + \cdots + \alpha^{d-1} P(x(N+d-1), \\
&\quad u(N+d-1)) \big] + \alpha^{N+d} \big[P(x(N), u(N)) \\
&\quad + \alpha P(x(N+1), u(N+1)) + \cdots + \alpha^{d-1} P(x(N+d-1),
\end{aligned}$$

$$u(N+d-1))] + \cdots$$

$$= \sum_{t=0}^{N-1} \alpha^t P(x(t), u(t)) + \alpha^N \overline{P}_{d_j} + \alpha^{N+d} \overline{P}_{d_j} + \cdots$$

$$= \sum_{t=0}^{N-1} \alpha^t P(x(t), u(t)) + \alpha^N \frac{\overline{P}_{d_j}}{1-\alpha^d}.$$

从上式我们可以按照如下步骤解决布尔网络(2-2)的无限时域的最优控制问题.

步骤 1. 对于布尔网络(2-2),考虑从 $\delta_{2^n}^j$ 出发的长度为 d 的循环,将这个循环的成本记为 $\overline{P}_{d_j} = P(x(N), u(N)) + \alpha P(x(N+1), u(N+1)) + \cdots + \alpha^{d-1} P(x(N+d-1), u(N+d-1))$. 对于 $x(N) = \delta_{2^n}^j$,分别计算 $\dfrac{\overline{P}_{d_j}}{1-\alpha^d}$, $d = 1, 2, \cdots, 2^n$. 通过对比,可以找到 d^*,使得 $\dfrac{\overline{P}_{d_j^*}}{1-\alpha^{d^*}}$ 是 $\dfrac{\overline{P}_{d_j}}{1-\alpha^d}$, $d = 1, 2, \cdots, 2^n$ 中的最小值. 然后对于所有的 $\delta_{2^n}^j \in R(\delta_{2^n}^i)$,计算 $\dfrac{\overline{P}_{d_j}}{1-\alpha^d}$,其中 $\delta_{2^n}^i$ 表示布尔网络(2-2)的初始状态.

步骤 2. 计算每一条从 $\delta_{2^n}^i$ 到 $\delta_{2^n}^j$ 的长度为 N 的成本最小的路径,$N = 1, 2, \cdots, 2^n$. 将这条从 $\delta_{2^n}^i$ 到 $\delta_{2^n}^j$ 的长度为 N 的路径的最小成本记为 $\sum_{t=0}^{N} \alpha^t \widetilde{P}_N(x(t), u(t))$. 对 $N = 1, 2, \cdots, 2^n$ 计算

$$\min\left\{ \sum_{t=0}^{N} \alpha^t \widetilde{P}_N(x(t), u(t)) + \alpha^N \frac{\overline{P}_{d_j}}{1-\alpha^d} \right\}.$$

将这条路径记为从 $\delta_{2^n}^i$ 到 $\delta_{2^n}^j$ 的最优路径.

步骤 3. 对 $\delta_{2^n}^j \in R(\delta_{2^n}^i)$,通过步骤 2 计算每一条从 $\delta_{2^n}^i$ 到 $\delta_{2^n}^j$ 的最优路径和最小成本. 通过对比可以找出成本的最小值,从而解决其最优控制问题.

注意到解决布尔控制网络(2-2)的无限时域最优控制问题的主要步骤是步骤 1 和步骤 2. 下面我们分别给出算法来解决步骤 1,2 的问题.

首先,基于布尔网络(2-2)的状态转移矩阵 L 构造矩阵 D. 将 $\delta_{2^n}^i$ 到 $\delta_{2^n}^j$ 的成本记为 D_{ij}. 类似于算法 2.1,给出如下的算法.

算法 2.3：

1. 令 $D^1 = D$, $R_{ij}^1 = \begin{cases} i, & D_{ij} < \infty, \\ 0, & 其他. \end{cases}$

2. 对 $d = 2, \cdots, 2^n$, 构造 D^d,

$$D_{ij}^d = \min_{\beta}\{D_{i\beta}^{d-1} + \alpha^{d-1} D_{\beta j}\}. \tag{2-6}$$

如果存在 β 满足(2-6)以及 $D_{ij}^d < \infty$, 令 $R_{ij}^d = \beta$; 否则令 $R_{ij}^d = 0$.

定理 2.3： 由算法 2.3 找出的路径是一条从 $\delta_{2^n}^i$ 到 $\delta_{2^n}^j$ 长度为 d 的路径 $(x(0) = \delta_{2^n}^i \to \cdots \to x(d-1) \to x(d) = \delta_{2^n}^j)$, 并且使得成本函数 $\sum_{t=0}^{d-1} \alpha^t P(x(t), u(t))$ 最小. 此外, D_{ij}^d 表示最小成本.

证明　记 P_{ij}^d 为 $\delta_{2^n}^i$ 到 $\delta_{2^n}^j$ 的长度为 d 的路径的成本. 下面用数学归纳法来证明结论.

当 $d = 1$ 时,可以从 D^1 的定义得出结论. 假设当 $d-1$ 时结论也是正确的,即 $P_{ij}^{d-1} \geqslant D_{ij}^{d-1}$. 因为一条从 $\delta_{2^n}^i$ 到 $\delta_{2^n}^j$ 的长度为 d 的路径可以看做 $\delta_{2^n}^i$ 到 $\delta_{2^n}^\beta$ 的长度为 $d-1$ 的路径和 $\delta_{2^n}^\beta$ 到 $\delta_{2^n}^j$ 的边. 由

$$P_{ij}^d = P_{i\beta}^{d-1} + \alpha^{d-1} P_{\beta j} \geqslant D_{i\beta}^{d-1} + \alpha^{d-1} D_{\beta j} \geqslant D_{ij}^d,$$

可以得出结论. □

由定理 2.3 和算法 2.3,我们给出算法 2.4 来解决步骤 1 的问题.

算法 2.4：

1. 令 $D^1 = D$, $R_{ij}^1 = \begin{cases} i, & D_{ij} < \infty, \\ 0, & 其他. \end{cases}$

2. 对 $d = 2, \cdots, 2^n$，构造 D^d，

$$D_{ij}^d = \min_{\beta} \{ D_{i\beta}^{d-1} + \alpha^{d-1} D_{\beta j} \}. \qquad (2-7)$$

如果存在 β 满足 $(2-7)$ 以及 $D_{ij}^d < \infty$，令 $R_{ij}^d = \beta$；否则令 $R_{ij}^d = 0$. 如果 $D_{jj}^d < \infty$，记

$$C^*(d): \delta_{2^n}^j \to \cdots \to \delta_{2^n}^{R_{j\beta}^{d-1}} \to \delta_{2^n}^{\beta} \to \delta_{2^n}^j,$$

为从 $\delta_{2^n}^j$ 出发的长度为 d 的成本最小的循环.

3. 对 $d = 1, 2, \cdots, 2^n$，通过比较，可以找出最小的 $\dfrac{\overline{P}_{d_j}}{1 - \alpha^d}$.

4. 对每一个 $\delta_{2^n}^j \in R(\delta_{2^n}^i)$，重复步骤 1～2，其中 $\delta_{2^n}^i$ 是布尔网络 $(2-2)$ 的初始状态. □

最后，通过算法 2.3 和 2.4，可以解决布尔网络 $(2-2)$ 的无限时域最优控制问题.

注释 2.3：在我们的算法中，可能有一些重复的循环. 假设循环中可达的所需时间最长的状态为 $\delta_{2^n}^i$. 考虑从初始状态 $\delta_{2^n}^{i_0}$ 进入从 $\delta_{2^n}^i$ 出发的循环所需的最小成本以及其相应的轨线（记这条轨线为从初始状态到 $\delta_{2^n}^i$ 的最优轨线），如果这条轨线从初始状态到第一次经过 $\delta_{2^n}^i$ 的这段路径经过这个循环的其他状态，不失一般性，设其经过 $\delta_{2^n}^j$，则从初始状态到 $\delta_{2^n}^j$ 的最优轨线和从初始状态到 $\delta_{2^n}^i$ 的最优轨线相同. 否则，可以得出悖论.

2.3 数值例子

例 2.1：考虑如下的布尔网络：

$$\begin{cases} A(t+1) = (u(t) \ \overline{\vee} \ A(t)) \ \wedge \ (B(t) \leftrightarrow C(t)), \\ B(t+1) = \neg C(t), \\ C(t+1) = (u(t) \ \overline{\vee} \ A(t)) \ \vee \ (B(t) \ \wedge \ C(t)), \end{cases}$$

其中，$u(t) \in \Delta$. "$u(t) \bar{\vee} A(t)$" 表示 $A(t)$ 的值可以由 $u(t)$ "翻转". 假设初始状态为 δ_8^1, 我们想要找出从初始状态 δ_8^1 到 δ_8^5 以及从 δ_8^1 到 δ_8^8 的最短时间.

通过计算, 有

$$
\begin{aligned}
A(t+1) &= M_n M_{\bar{\vee}}(I_4 \otimes M_{\leftrightarrow})u(t)A(t)B(t)C(t) \\
&= \delta_2[2, 2, 2, 2, 1, 2, 2, 1, 1, 2, 2, 1, 2, 2, \\
&\qquad 2, 2]u(t)A(t)B(t)C(t),
\end{aligned}
$$

$$
\begin{aligned}
B(t+1) &= M_n C(t) = M_n E_d^3 u(t)A(t)B(t)C(t) \\
&= \delta_2[2, 1, 2, 1, 2, 1, 2, 1, 2, 1, 2, 1, 2, 1, \\
&\qquad 2, 1]u(t)A(t)B(t)C(t),
\end{aligned}
$$

$$
\begin{aligned}
C(t+1) &= M_{\vee} M_{\bar{\vee}} C(t) = M_n E_d^3 u(t)A(t)B(t)C(t) \\
&= \delta_2[1, 2, 2, 2, 1, 1, 1, 1, 1, 1, 1, 1, 1, \\
&\qquad 2, 2, 2]u(t)A(t)B(t)C(t),
\end{aligned}
$$

M_n, $M_{\bar{\vee}}$ 和 $M_{\leftrightarrow}$ 分别是逻辑函数 "$\neg$", "$\bar{\vee}$" 和 "$\leftrightarrow$" 的结构矩阵. 令 $x(t) = A(t)B(t)C(t)$, 有 $x(t+1) = Lu(t)x(t)$, 其中, $L = \delta_8[7, 6, 8, 6, 3, 5, 7, 1, 3, 5, 7, 1, 7, 6, 8, 6]$.

由 L 的表达式, 可以构造矩阵 $\boldsymbol{D}$,

$$
\boldsymbol{D} = \begin{bmatrix}
\infty & \infty & 1 & \infty & \infty & \infty & 1 & \infty \\
\infty & \infty & \infty & \infty & 1 & 1 & \infty & \infty \\
\infty & \infty & \infty & \infty & \infty & \infty & 1 & 1 \\
1 & \infty & \infty & \infty & \infty & 1 & \infty & \infty \\
\infty & \infty & 1 & \infty & \infty & \infty & 1 & \infty \\
\infty & \infty & \infty & \infty & 1 & 1 & \infty & \infty \\
\infty & \infty & \infty & \infty & \infty & \infty & 1 & 1 \\
1 & \infty & \infty & \infty & \infty & 1 & \infty & \infty
\end{bmatrix}.
$$

通过计算, 有

$$\boldsymbol{D}^2 = \begin{bmatrix} \infty & \infty & \infty & \infty & \infty & \infty & 2 & 2 \\ \infty & \infty & 2 & \infty & 2 & 2 & 2 & \infty \\ 2 & \infty & \infty & \infty & \infty & 2 & 2 & 2 \\ \infty & \infty & 2 & \infty & 2 & 2 & 2 & \infty \\ \infty & \infty & \infty & \infty & \infty & \infty & 2 & 2 \\ \infty & \infty & 2 & \infty & 2 & 2 & 2 & \infty \\ 2 & \infty & \infty & \infty & \infty & 2 & 2 & 2 \\ \infty & \infty & 2 & \infty & 2 & 2 & 2 & \infty \end{bmatrix}, \ \boldsymbol{R}^2 = \begin{bmatrix} 0 & 0 & 0 & 0 & 0 & 0 & 3 & 3 \\ 0 & 0 & 5 & 0 & 6 & 6 & 5 & 0 \\ 1 & 0 & 0 & 0 & 0 & 8 & 7 & 7 \\ 0 & 0 & 1 & 0 & 6 & 6 & 1 & 0 \\ 0 & 0 & 0 & 0 & 0 & 0 & 3 & 3 \\ 0 & 0 & 5 & 0 & 6 & 6 & 5 & 0 \\ 1 & 0 & 0 & 0 & 0 & 8 & 7 & 7 \\ 0 & 0 & 1 & 0 & 6 & 6 & 1 & 0 \end{bmatrix},$$

则从初始状态 δ_8^1 到 δ_8^8 的最短时间为 2，其轨线是 $\delta_8^1 \to \delta_8^3 \to \delta_8^8$. 相应的控制是 $u(0) = \delta_2^2$，$u(1) = \delta_2^1$.

通过计算 $\boldsymbol{D}^3$ 和 $\boldsymbol{D}^4$，有

$$\boldsymbol{D}^3 = \begin{bmatrix} 3 & \infty & \infty & \infty & \infty & 3 & 3 & 3 \\ \infty & \infty & 3 & \infty & 3 & 3 & 3 & 3 \\ 3 & \infty & 3 & \infty & 3 & 3 & 3 & 3 \\ \infty & \infty & 3 & \infty & 3 & 3 & 3 & 3 \\ 3 & \infty & \infty & \infty & \infty & 3 & 3 & 3 \\ \infty & \infty & 3 & \infty & 3 & 3 & 3 & 3 \\ 3 & \infty & 3 & \infty & 3 & 3 & 3 & 3 \\ \infty & \infty & 3 & \infty & 3 & 3 & 3 & 3 \end{bmatrix}, \ \boldsymbol{R}^3 = \begin{bmatrix} 8 & 0 & 0 & 0 & 0 & 8 & 7 & 7 \\ 0 & 0 & 5 & 0 & 6 & 6 & 5 & 3 \\ 8 & 0 & 1 & 0 & 6 & 6 & 1 & 7 \\ 0 & 0 & 5 & 0 & 6 & 6 & 3 & 3 \\ 8 & 0 & 0 & 0 & 0 & 8 & 7 & 7 \\ 0 & 0 & 5 & 0 & 6 & 6 & 5 & 3 \\ 8 & 0 & 1 & 0 & 6 & 6 & 1 & 7 \\ 0 & 0 & 5 & 0 & 6 & 6 & 3 & 3 \end{bmatrix},$$

$$\boldsymbol{D}^4 = \begin{bmatrix} 4 & \infty & 4 & \infty & 4 & 4 & 4 & 4 \\ 4 & \infty & 4 & \infty & 4 & 4 & 4 & 4 \\ 4 & \infty & 4 & \infty & 4 & 4 & 4 & 4 \\ 4 & \infty & 4 & \infty & 4 & 4 & 4 & 4 \\ 4 & \infty & 4 & \infty & 4 & 4 & 4 & 4 \\ 4 & \infty & 4 & \infty & 4 & 4 & 4 & 4 \\ 4 & \infty & 4 & \infty & 4 & 4 & 4 & 4 \\ 4 & \infty & 4 & \infty & 4 & 4 & 4 & 4 \end{bmatrix}, \quad \boldsymbol{R}^4 = \begin{bmatrix} 8 & 0 & 1 & 0 & 6 & 6 & 7 & 7 \\ 8 & 0 & 5 & 0 & 6 & 6 & 5 & 7 \\ 8 & 0 & 1 & 0 & 6 & 6 & 5 & 7 \\ 8 & 0 & 5 & 0 & 6 & 6 & 5 & 7 \\ 8 & 0 & 1 & 0 & 6 & 6 & 7 & 7 \\ 8 & 0 & 5 & 0 & 6 & 6 & 5 & 7 \\ 8 & 0 & 1 & 0 & 6 & 6 & 5 & 7 \\ 8 & 0 & 5 & 0 & 6 & 6 & 5 & 7 \end{bmatrix},$$

则从初始状态 δ_8^1 到 δ_8^5 所需的最短时间是 4,其轨线为 $\delta_8^1 \rightarrow \delta_8^3 \rightarrow \delta_8^8 \rightarrow \delta_8^6 \rightarrow \delta_8^5$. 相应的控制为 $u(0) = \delta_2^2$,$u(1) = \delta_2^1$,$u(2) = \delta_2^2$,$u(3) = \delta_2^1$.

例 2.2:重新考虑例 2.1,设其初始状态为 δ_8^2,成本如下:从 δ_8^1 到 δ_8^3 所需成本为 2,从 δ_8^1 到 δ_8^7 所需成本为 3;从 δ_8^2 到 δ_8^5 所需成本为 2,从 δ_8^2 到 δ_8^6 所需成本为 3;从 δ_8^3 到 δ_8^7 所需成本为 3,从 δ_8^3 到 δ_8^8 所需成本为 4;从 δ_8^4 到 δ_8^1 所需成本为 1,从 δ_8^4 到 δ_8^6 所需成本为 3;从 δ_8^5 到 δ_8^3 所需成本为 2,从 δ_8^5 到 δ_8^7 所需成本为 3;从 δ_8^6 到 δ_8^5 所需成本为 2,从 δ_8^6 到 δ_8^6 所需成本为 3;从 δ_8^7 到 δ_8^7 所需成本为 4,从 δ_8^7 到 δ_8^8 所需成本为 5;从 δ_8^8 到 δ_8^1 所需成本为 1,从 δ_8^8 到 δ_8^6 所需成本为 4. 我们要找到控制策略,使得成本函数

$$J(u) = \lim_{M \to \infty} \sum_{t=0}^{M-1} \alpha^t P(x(t), u(t)),$$

最小,其中 $\alpha = 0.5$.

由给定的成本,可以构造矩阵 $\boldsymbol{D}$:

$$\boldsymbol{D} = \begin{bmatrix} \infty & \infty & 2 & \infty & \infty & \infty & 3 & \infty \\ \infty & \infty & \infty & \infty & 2 & 3 & \infty & \infty \\ \infty & \infty & \infty & \infty & \infty & \infty & 3 & 4 \\ 1 & \infty & \infty & \infty & \infty & 3 & \infty & \infty \\ \infty & \infty & 2 & \infty & \infty & \infty & 3 & \infty \\ \infty & \infty & \infty & \infty & 2 & 3 & \infty & \infty \\ \infty & \infty & \infty & \infty & \infty & \infty & 4 & 5 \\ 1 & \infty & \infty & \infty & \infty & 4 & \infty & \infty \end{bmatrix}.$$

通过计算,有

$$\mathbf{D}^2 = \begin{bmatrix} \infty & \infty & \infty & \infty & \infty & \infty & \frac{7}{2} & 4 \\ \infty & \infty & 3 & \infty & 4 & \frac{9}{2} & \frac{7}{2} & \infty \\ \frac{9}{2} & \infty & \infty & \infty & \infty & 6 & 5 & \frac{11}{2} \\ \infty & \infty & 2 & \infty & 4 & \frac{9}{2} & \frac{5}{2} & \infty \\ \infty & \infty & \infty & \infty & \infty & \infty & \frac{7}{2} & 4 \\ \infty & \infty & 3 & \infty & 4 & \frac{9}{2} & \frac{7}{2} & \infty \\ \frac{11}{2} & \infty & \infty & \infty & \infty & 7 & 6 & \frac{13}{2} \\ \infty & \infty & 2 & \infty & 5 & \frac{11}{2} & \frac{5}{2} & \infty \end{bmatrix},\ \mathbf{R}^2 = \begin{bmatrix} 0 & 0 & 0 & 0 & 0 & 0 & 3 & 3 \\ 0 & 0 & 5 & 0 & 6 & 6 & 5 & 0 \\ 8 & 0 & 0 & 0 & 0 & 8 & 7 & 7 \\ 0 & 0 & 1 & 0 & 6 & 6 & 1 & 0 \\ 0 & 0 & 0 & 0 & 0 & 0 & 3 & 3 \\ 0 & 0 & 5 & 0 & 6 & 6 & 5 & 0 \\ 8 & 0 & 0 & 0 & 0 & 8 & 7 & 7 \\ 0 & 0 & 1 & 0 & 6 & 6 & 1 & 0 \end{bmatrix}.$$

$\cdots$

$$\mathbf{D}^8 = \begin{bmatrix} \frac{627}{128} & \infty & \frac{39}{8} & \infty & \frac{315}{64} & \frac{315}{64} & \frac{619}{128} & \frac{155}{32} \\ \frac{567}{128} & \infty & \frac{141}{32} & \infty & \frac{285}{64} & \frac{285}{64} & \frac{565}{128} & \frac{569}{128} \\ \frac{729}{128} & \infty & \frac{93}{16} & \infty & \frac{375}{64} & \frac{183}{32} & \frac{365}{64} & \frac{731}{128} \\ \frac{439}{128} & \infty & \frac{109}{32} & \infty & \frac{221}{64} & \frac{221}{64} & \frac{437}{128} & \frac{441}{128} \\ \frac{651}{128} & \infty & \frac{315}{64} & \infty & \frac{158}{32} & \frac{633}{128} & \frac{619}{128} & \frac{155}{32} \\ \frac{567}{128} & \infty & \frac{141}{32} & \infty & \frac{285}{64} & \frac{285}{64} & \frac{565}{128} & \frac{569}{128} \\ \frac{857}{128} & \infty & \frac{109}{16} & \infty & \frac{439}{64} & \frac{215}{32} & \frac{429}{64} & \frac{859}{128} \\ \frac{439}{128} & \infty & \frac{109}{32} & \infty & \frac{221}{64} & \frac{221}{64} & \frac{437}{128} & \frac{441}{128} \end{bmatrix},$$

$$\boldsymbol{R}^8 = \begin{bmatrix} 8 & 0 & 1 & 0 & 6 & 8 & 3 & 3 \\ 8 & 0 & 1 & 0 & 6 & 8 & 1 & 7 \\ 8 & 0 & 1 & 0 & 6 & 8 & 7 & 7 \\ 8 & 0 & 1 & 0 & 6 & 8 & 1 & 7 \\ 8 & 0 & 5 & 0 & 6 & 6 & 3 & 3 \\ 8 & 0 & 1 & 0 & 6 & 8 & 1 & 7 \\ 8 & 0 & 1 & 0 & 6 & 8 & 7 & 7 \\ 8 & 0 & 1 & 0 & 6 & 8 & 1 & 7 \end{bmatrix}.$$

从上式可以得出,从 δ_8^1 出发,成本最小的循环为 $\delta_8^1 \to \delta_8^3 \to \delta_8^8 \to \delta_8^1$,成

本为 $\dfrac{\dfrac{17}{4}}{1-\left(\dfrac{1}{2}\right)^3} = \dfrac{34}{7}$. 从 δ_8^3 出发成本最小的循环为 $\delta_8^3 \to \delta_8^8 \to \delta_8^1 \to \delta_8^3$,成

本为 $\dfrac{5}{1-\left(\dfrac{1}{2}\right)^3} = \dfrac{40}{7}$. 从 δ_8^5 出发成本最小的循环为 $\delta_8^5 \to \delta_8^3 \to \delta_8^8 \to \delta_8^1 \to$

$\delta_8^3 \to \delta_8^8 \to \delta_8^6 \to \delta_8^5$,成本为 $\dfrac{\dfrac{157}{32}}{1-\left(\dfrac{1}{2}\right)^7} = \dfrac{628}{127}$. 从 δ_8^6 出发成本最小的循环

为 $\delta_8^6 \to \delta_8^5 \to \delta_8^3 \to \delta_8^8 \to \delta_8^1 \to \delta_8^3 \to \delta_8^7 \to \delta_8^8 \to \delta_8^6$,成本为 $\dfrac{\dfrac{285}{64}}{1-\left(\dfrac{1}{2}\right)^8} = \dfrac{228}{51}$.

从 δ_8^7 出发的成本最小的循环为 $\delta_8^7 \to \delta_8^8 \to \delta_8^1 \to \delta_8^3 \to \delta_8^8 \to \delta_8^1 \to \delta_8^3 \to \delta_8^7$,成本

为 $\dfrac{\dfrac{427}{64}}{1-\left(\dfrac{1}{2}\right)^7} = \dfrac{854}{127}$. 从 δ_8^8 出发的成本最小的循环为 $\delta_8^8 \to \delta_8^1 \to \delta_8^3 \to \delta_8^8$,

成本为 $\dfrac{3}{1-\left(\dfrac{1}{2}\right)^3} = \dfrac{24}{7}$.

27

然后我们可以计算从 δ_8^2 到 δ_8^1 再进入到从 δ_8^1 出发的成本最小的循环（即从 δ_8^2 到 δ_8^1 的最优路径）

$$\delta_8^2 \to \delta_8^5 \to \delta_8^3 \to \delta_8^8 \to \delta_8^1 \to \delta_8^3 \to \delta_8^8 \to \delta_8^1 \cdots,$$

成本为 $\dfrac{33}{8}+\dfrac{1}{2^4}\dfrac{34}{7}=\dfrac{31}{7}=4.428\,571\,4$. 同理，从 δ_8^2 到 δ_8^3 的最优路径为

$$\delta_8^2 \to \delta_8^5 \to \delta_8^3 \to \delta_8^8 \to \delta_8^1 \to \delta_8^3 \cdots,$$

成本为 $3+\dfrac{1}{2^2}\dfrac{40}{7}=\dfrac{31}{7}=4.428\,571\,4$. 从 δ_8^2 到 δ_8^5 的最优路径为

$$\delta_8^2 \to \delta_8^5 \to \delta_8^3 \to \delta_8^8 \to \delta_8^1 \to \delta_8^3 \to \delta_8^8 \to \delta_8^6 \to \delta_8^5 \cdots,$$

成本为 $2+\dfrac{1}{2}\cdot\dfrac{628}{127}=\dfrac{568}{127}=4.472\,440\,94$. 从 δ_8^2 到 δ_8^6 的最优路径为

$$\delta_8^2 \to \delta_8^5 \to \delta_8^3 \to \delta_8^8 \to \delta_8^1 \to \delta_8^3 \to \delta_8^7 \to \delta_8^8 \to \delta_8^6 \to \delta_8^5 \to \delta_8^3 \to$$

$$\delta_8^8 \to \delta_8^1 \to \delta_8^3 \to \delta_8^7 \to \delta_8^8 \to \delta_8^6 \cdots,$$

成本为 $\dfrac{285}{64}+\dfrac{1}{2^8}\cdot\dfrac{228}{51}=\dfrac{228}{51}=4.470\,588\,235$. 从 δ_8^2 到 δ_8^7 的最优路径为

$$\delta_8^2 \to \delta_8^5 \to \delta_8^3 \to \delta_8^8 \to \delta_8^1 \to \delta_8^3 \to \delta_8^8 \to \delta_8^1 \to \delta_8^7 \to$$

$$\delta_8^8 \to \delta_8^1 \to \delta_8^3 \to \delta_8^8 \to \delta_8^1 \to \delta_8^3 \to \delta_8^7 \cdots,$$

成本为 $\dfrac{565}{128}+\dfrac{1}{2^8}\cdot\dfrac{854}{127}=4.440\,329\,2$. 从 δ_8^2 到 δ_8^8 的最优路径为

$$\delta_8^2 \to \delta_8^5 \to \delta_8^3 \to \delta_8^8 \to \delta_8^1 \to \delta_8^3 \to \delta_8^8 \cdots,$$

成本为 $4+\dfrac{1}{2^3}\cdot\dfrac{24}{7}=4.428\,571\,4$.

通过比较，我们可以得出最优轨线为

$$\delta_8^2 \to \delta_8^5 \to \delta_8^3 \to \delta_8^8 \to \delta_8^1 \to \delta_8^3 \to \cdots.$$

相应的控制策略为

$$u(0) = \delta_2^2, \ u(1) = \delta_2^1, \ u(2) = \delta_2^1, \ u(3) = \delta_2^1, \ u(4) = \delta_2^2, \cdots.$$

注释 2.4: 在例 2.2 中有三个重复的循环, 即 $\delta_8^1 \to \delta_8^3 \to \delta_8^8 \to \delta_8^1$, $\delta_8^3 \to \delta_8^8 \to \delta_8^1 \to \delta_8^3$, $\delta_8^8 \to \delta_8^1 \to \delta_8^3 \to \delta_8^8$. 由例 2.1, 我们可以发现从 δ_8^2 到 δ_8^1 的最短时间为 4, 从 δ_8^2 到 δ_8^3 的最短时间为 2, 从 δ_8^2 到 δ_8^8 的最短时间为 3. 接下来我们首先计算从 δ_8^2 到 δ_8^1 的最优路径 $\delta_8^2 \to \delta_8^5 \to \delta_8^3 \to \delta_8^8 \to \delta_8^1 \to \delta_8^3 \to \delta_8^8 \to \delta_8^1 \cdots$. 注意到这条轨线从初始状态到第一次经过 δ_8^1 的这一段路径为 $\delta_8^2 \to \delta_8^5 \to \delta_8^3 \to \delta_8^8 \to \delta_8^1$, 这段路径经过 δ_8^3 和 δ_8^8, 则从 δ_8^2 到 δ_8^3 的最优路径, 从 δ_8^2 到 δ_8^8 的最优路径和从 δ_8^2 到 δ_8^1 的最优路径相同.

本章部分结果来源于作者在学期间文献[14].

第 *3* 章

多值逻辑系统的稳定性以及同步问题

本章研究多值逻辑系统的稳定、镇定以及同步问题,共分三节. 3.1 节介绍多值逻辑的相关知识. 3.2 节给出多值逻辑系统的全局、局部的稳定与镇定的充分必要条件. 3.3 节研究多值逻辑系统的同步问题,并且给出了其控制策略的设计.

3.1 预 备 知 识

本节我们主要介绍多值逻辑的相关知识并将多值逻辑系统转化为离散系统.

将 K -值逻辑的集合记为 D_k,$D_k = \left\{ T = 1, \dfrac{k-2}{k-1}, \cdots, \dfrac{1}{k-1}, \right.$ $\left. F = 0 \right\}$. 接下来,我们介绍 K -值逻辑的向量形式. 将 D_k 中的元素等价地记为向量的形式

$$T = 1 \sim \delta_k^1, \frac{k-2}{k-1} \sim \delta_k^2, \cdots, F = 0 \sim \delta_k^k.$$

具有 n 个节点 A_1，A_2，$\cdots$，A_n 的 K-值逻辑系统表述如下：

$$\begin{cases} A_1(t+1) = f_1(A_1(t), A_2(t), \cdots, A_n(t)), \\ A_2(t+1) = f_2(A_1(t), A_2(t), \cdots, A_n(t)), \\ \qquad\qquad \vdots \\ A_n(t+1) = f_n(A_1(t), A_2(t), \cdots, A_n(t)), \end{cases} \tag{3-1}$$

其中，$A_i \in D_k$ 为 K-值逻辑变量，f_i 为逻辑函数，$i = 1, 2, \cdots, n, t = 0,$ $1, 2, \cdots$.

定义 $x(t) = \ltimes_{i=1}^n A_i(t)$，由矩阵的半张量积的性质[4]，我们可以将 (3-1) 转化为

$$x(t+1) = \widetilde{L}x(t), \ x \in \Delta_{k^n}, \tag{3-2}$$

其中，$\widetilde{L} = \widetilde{M}_1 \prod_{j=2}^n [(I_{k^n} \otimes \widetilde{M}_j)\Phi_n]$，$\widetilde{M}_i$ 为 f_i 的结构矩阵.

K-值逻辑控制系统为

$$\begin{cases} A_1(t+1) = f_1(u_1(t), \cdots, u_m(t), A_1(t), A_2(t), \cdots, A_n(t)), \\ A_2(t+1) = f_2(u_1(t), \cdots, u_m(t), A_1(t), A_2(t), \cdots, A_n(t)), \\ \qquad\qquad \vdots \\ A_n(t+1) = f_n(u_1(t), \cdots, u_m(t), A_1(t), A_2(t), \cdots, A_n(t)), \end{cases} \tag{3-3}$$

其中，$u_1(t), \cdots, u_m(t)$ 为控制(或输入)，$f_1, \cdots, f_n$ 为逻辑函数.

令 $x(t) = \ltimes_{i=1}^n A_i(t)$，$u(t) = \ltimes_{i=1}^m u_i(t)$，可以将 (3-3) 转化为

$$x(t+1) = Lu(t)x(t), \tag{3-4}$$

其中，$L = M_1 \prod_{j=2}^n [(I_{k^{m+n}} \otimes M_j)\Phi_{m+n}]$，$M_j$ 为 f_j 的结构矩阵.

本章的控制为两类控制：

(1) 开环控制. 控制为自由的 K-值逻辑变量序列，令 $u(t) =$

$\bowtie_{j=1}^{m} u_j(t).$

（2）闭环控制. 控制为 K-值逻辑系统：

$$\begin{cases} u_1(t) = h_1(A_1(t), A_2(t), \cdots, A_n(t)), \\ u_2(t) = h_2(A_1(t), A_2(t), \cdots, A_n(t)), \\ \quad\vdots \\ u_m(t) = h_m(A_1(t), A_2(t), \cdots, A_n(t)), \end{cases} \quad (3-5)$$

其中，$h_1, \cdots, h_m$ 为逻辑函数. 令 $u(t) = \bowtie_{i=1}^{m} u_i(t)$，则（3-5）可以等价地表示为

$$u(t) = Hx(t),$$

其中，$H \in \mathcal{L}_{k^m \times k^n}$ 为（3-5）的状态转移矩阵.

3.2 多值逻辑系统的稳定与镇定问题

本节主要研究多值逻辑系统的稳定与镇定问题.

3.2.1 K-值逻辑系统的稳定性

本小节我们研究多值逻辑系统的全局以及局部稳定的充分必要条件.

定义 3.1：（1）如果存在状态 $x^* \in \Delta_{k^n}$ 使得对任意的初始状态 x_0，有 $\lim_{t \to \infty} x(t, t_0, x_0) = x^*$，则称系统（3-1），或等价的系统（3-2），为全局稳定的.

（2）如果存在状态 $x^* \in \Delta_{k^n}$ 使得对给定的初始状态 x_0^*，有 $\lim_{t \to \infty} x(t, t_0, x_0) = x^*$，则称系统（3-1），或等价的系统（3-2），为局部稳定的.

我们首先给出多值逻辑系统（3-1）全局稳定的充分必要条件：

定理 3.1：系统(3-1)，或等价的系统(3-2)，全局稳定到 $\delta_{k^n}^i$，当且仅当存在整数 l，使得 $\widetilde{L}^l$ 的每一列等于 $\delta_{k^n}^i$.

证明　充分性：应用数学归纳法有

$$x(l) = \widetilde{L}^l x(0) = [\delta_{k^n}^i, \delta_{k^n}^i, \cdots, \delta_{k^n}^i] x(0).$$

由于矩阵的半张量积满足吸引性，则有

$$x(l+1) = \widetilde{L} x(l) = \widetilde{L} \widetilde{L}^l x(0) = \widetilde{L}^l \widetilde{L} x(0)$$
$$= [\delta_{k^n}^i, \delta_{k^n}^i, \cdots, \delta_{k^n}^i] \widetilde{L} x(0)$$
$$= [\delta_{k^n}^i, \delta_{k^n}^i, \cdots, \delta_{k^n}^i] x(0).$$

重复上述步骤，对 $t \geqslant l$，有

$$x(t) \equiv [\delta_{k^n}^i, \delta_{k^n}^i, \cdots, \delta_{k^n}^i] x(0).$$

对任意的初始状态 x_0，可得

$$\lim_{t \to \infty} x(t, t_0, x_0) = [\delta_{k^n}^i, \delta_{k^n}^i, \cdots, \delta_{k^n}^i] x(0) = \delta_{k^n}^i. \quad (3-6)$$

必要性：如果不存在满足条件的整数 l，我们总可以找到一个初始状态 x_0 使得(3-6)不成立.

定理 3.2：假设系统(3-1)的初始状态为 $x(0) = x_0^* = \delta_{k^n}^r$，则系统(3-1)，或等价的系统(3-2)局部稳定到 $\delta_{k^n}^i$，当且仅当

(a) $\text{Col}_i(\widetilde{L}) = \delta_{k^n}^i$；

(b) 存在正整数 l，使得 $\text{Col}_r(\widetilde{L}^l) = \delta_{k^n}^i$.

证明　充分性：由数学归纳法有：$x(l) = \widetilde{L}^l x(0) = \widetilde{L}^l \delta_{k^n}^r = \text{Col}_r(\widetilde{L}^l) = \delta_{k^n}^i$.

通过计算可得：$x(l+1) = \widetilde{L} x(l) = \widetilde{L} \delta_{k^n}^i = \text{Col}_i(\widetilde{L}) = \delta_{k^n}^i$.

重复上述步骤，对 $t \geqslant l$，有 $x(t) \equiv \delta_{k^n}^i$.

故有：

$$\lim_{t \to \infty} x(t, t_0, x_0^*) = \delta_{k^n}^i. \tag{3-7}$$

必要性：（反证法）假设条件(a)或(b)不满足.

(I) 如果条件(b)不满足，即对任意的时间 s，$\mathrm{Col}_r(\widetilde{L}^s) = \delta_{k^n}^i$ 不满足，则 $x(s) = \widetilde{L}^s x(0) = \widetilde{L}^s \delta_k^r = \mathrm{Col}_r(\widetilde{L}^s) \neq \delta_{k^n}^i$，即(3-7)不成立.

(II) 如果条件(a)不满足，则由条件(b)成立可以得出，对时间 l，$\mathrm{Col}_r(\widetilde{L}^l) = \delta_{k^n}^i$. 故 $x(l+1) = \widetilde{L}x(l) = \widetilde{L}\delta_{k^n}^i = \mathrm{Col}_i(\widetilde{L}) \neq \delta_{k^n}^i$.

因此我们有定理结论.

3.2.2 K-值逻辑系统的镇定问题

本小节讨论 K-值逻辑系统(3-3)的镇定问题. 我们考虑两类控制，即自由的 K-值逻辑变量的开环控制和闭环控制(3-5).

首先考虑具有开环控制的 K-值逻辑系统(3-3)的镇定问题.

(1a) 首先考虑具有常数控制 u 的镇定问题，$u \equiv \delta_{k^m}^j, j \in \{1, 2, \cdots, k^m\}$. 由矩阵的半张量积的性质，可以计算

$$x(1) = Lux(0),$$
$$x(2) = Lux(1) = LuLux(0) = L(I_{k^m} \otimes L)\Phi_m ux(0),$$
$$x(3) = Lux(2) = LuLuLux(0)$$
$$= L(I_{k^m} \otimes L)\Phi_m(I_{k^m} \otimes L)\Phi_m ux(0)$$
$$= L[(I_{k^m} \otimes L)\Phi_m]^2 ux(0).$$

由数学归纳法有

$$x(l) = L[(I_{k^m} \otimes L)\Phi_m]^{l-1} ux(0),$$

其中，$L[(I_{k^m} \otimes L)\Phi_m]^{l-1}$ 为 $k^n \times k^{n+m}$ 的矩阵. 将矩阵 $L[(I_{k^m} \otimes L)\Phi_m]^{l-1}$ 等分为 k^m 个相同维数的块

$$L[(I_{k^m} \otimes L)\Phi_m]^{l-1} = [L_1, L_2, \cdots, L_{k^m}].$$

基于上述的讨论,有如下结论:

定理 3.3:具有常数控制的系统(3-3)全局镇定到 $\delta_{k^n}^i$,当且仅当存在

$$L_j,\ 1 \leqslant j \leqslant 2^m,$$

L_j 有相同的列 $\delta_{k^n}^i$. 此外,控制为 $u = \delta_{k^m}^j$.

证明　充分性:通过计算有

$$x(l) = L\big[(I_{k^m} \otimes L)\Phi_m\big]^{l-1} u x(0) = [L_1, L_2, \cdots, L_{k^m}] u x(0).$$

令 $u = \delta_{k^m}^j$,可得 $x(l) = L_j x(0)$. 注意到

$$
\begin{aligned}
x(l+1) &= L\big[(I_{k^m} \otimes L)\Phi_m\big]^l u x(0) \\
&= L\big[(I_{k^m} \otimes L)\Phi_m\big]^{l-1} (I_{k^m} \otimes L)\Phi_m u x(0) \\
&= [L_1, L_2, \cdots, L_{k^m}](I_{k^m} \otimes L)\Phi_m u x(0) \\
&= [L_1 L, L_2 L, \cdots, L_{k^m} L]\Phi_m \delta_{k^m}^j x(0).
\end{aligned}
$$

因为 $L_1 L, \cdots, L_{k^m} L$ 为 $k^n \times k^{n+m}$ 的矩阵,则将 $L_1 L, \cdots, L_{k^m} L$ 等分为 k^m 个维数相同的块

$$L_1 L = [L_{1,1}, \cdots, L_{1,k^m}], \cdots, L_{k^m} L = [L_{k^m,1}, \cdots, L_{k^m,k^m}].$$

注意到 $L_j L$ 的列与 L_j 的列相同,可以将上式重新写为

$$
\begin{aligned}
&[L_1 L, L_2 L, \cdots, L_{k^m} L]\Phi_m \delta_{k^m}^j x(0) \\
={}&[L_1 L, L_2 L, \cdots, L_{k^m} L]\mathrm{Col}_j\{\Phi_m\} x(0) \\
={}&[L_1 L, L_2 L, \cdots, L_{k^m} L](\mathrm{Col}_j\{\Phi_m\} \otimes I_{k^n}) x(0) \\
={}&L_{j,j} x(0) = L_j x(0).
\end{aligned}
$$

重复上述步骤,对 $t \geqslant l$,有 $x(t) = L_j x(0)$.

由上式可以得到

$$\lim_{t \to \infty} x(t) = L_j x(0) = \delta_{k^n}^i. \tag{3-8}$$

必要性：如果对任意的常数控制 $u = \delta_{k^m}^j$，$j \in \{1, 2, \cdots, k^m\}$，不存在满足条件的 L_j，我们总可以选择某一初始状态 x_0 使得(3-8)不成立.

接下来我们考虑更为一般的情形.

(1b) 控制为自由的 K-值逻辑变量序列. 令 $u(t) = \ltimes_{j=1}^m u_j(t)$，$u_j(t) \in \Delta_k$，通过计算有

$$x(1) = Lu(0)x(0),$$
$$x(2) = Lu(1)x(1) = Lu(1)Lu(0)x(0)$$
$$= L(I_{k^m} \otimes L)u(1)u(0)x(0),$$
$$x(3) = Lu(2)x(2) = Lu(2)L(I_{k^m} \otimes L)u(1)u(0)x(0)$$
$$= L(I_{k^m} \otimes L)(I_{k^{2m}} \otimes L)u(2)u(1)u(0)x(0),$$
$$\vdots$$
$$x(l) = Lu(l-1)x(l-1)$$
$$= L(I_{k^m} \otimes L)\cdots(I_{k^{(l-1)m}} \otimes L)u(l-1)\cdots u(0)x(0).$$

注意到 $L(I_{k^m} \otimes L)\cdots(I_{k^{(l-1)m}} \otimes L)$ 是一个 $k^n \times k^{n+lm}$ 的矩阵，将其等分为 k^{lm} 个维数相等的矩阵

$$L(I_{k^m} \otimes L)\cdots(I_{k^{(l-1)m}} \otimes L) = [L_1, L_2, \cdots, L_{k^{lm}}].$$

基于上述的讨论，可以得到如下的镇定问题的充分必要条件：

定理 3. 4：考虑具有 K-值逻辑变量序列的 K-值逻辑控制系统(3-3)，或等价的系统(3-4)，全局镇定到 $\delta_{k^n}^i$，当且仅当存在 K-值逻辑变量序列控制使得

$$L_j, 1 \leqslant j \leqslant k^{lm},$$

有相同的列 $\delta_{k^n}^i$.

证明 通过计算有

$$x(l) = L(I_{k^m} \otimes L)\cdots(I_{k^{(l-1)m}} \otimes L)u(l-1)\cdots u(0)x(0)$$

$$= [L_1, L_2, \cdots, L_{k^{lm}}]u(l-1)\cdots u(0)x(0).$$

令 $u(l-1)\cdots u(0) = \delta_{k^{lm}}^{j}$ 可以得到

$$x(l) = [L_1, L_2, \cdots, L_{k^{lm}}](\delta_{k^{lm}}^{j} \bigotimes I_{k^n})x(0) = L_j x(0).$$

注意到

$$
\begin{aligned}
x(l+1) &= Lu(l)x(l)\\
&= Lu(l)L(I_{k^m} \bigotimes L)\cdots(I_{k^{(l-1)m}} \bigotimes L)u(l-1)\cdots u(0)x(0)\\
&= L(I_{k^m} \bigotimes L)\cdots(I_{k^{(l-1)m}} \bigotimes L)(I_{k^{lm}} \bigotimes L)u(l)u(l-1)\cdots u(0)x(0)\\
&= [L_1, L_2, \cdots, L_{k^{lm}}](I_{k^{lm}} \bigotimes L)u(l)u(l-1)\cdots u(0)x(0)\\
&= [L_1 L, L_2 L, \cdots, L_{k^{lm}}L]u(l)u(l-1)\cdots u(0)x(0).
\end{aligned}
$$

因为 $L_1 L, \cdots, L_{k^{lm}}L$ 为 $k^n \times k^{n+m}$ 的矩阵，分别将 $L_1 L, \cdots, L_{k^{lm}}L$ 等分为 k^m 个维数相等的矩阵 $L_1 L = [L_{1,1}, \cdots, L_{1,k^m}]$，$L_2 L = [L_{2,k^m+1}, \cdots, L_{2,2\cdot k^m}]$，$\cdots$，则有

$$
\begin{aligned}
[L_1 L, L_2 L, \cdots, L_{k^{lm}}L] = [&L_{1,1}, \cdots, L_{1,k^m}, L_{2,k^m+1}, \cdots,\\
&L_{2,2\cdot k^m}, \cdots, L_{k^{lm},(k^{lm}-1)k^m+1}, \cdots,\\
&L_{k^{lm},k^{lm}\cdot k^m}].
\end{aligned}
$$

注意到，$L_j L$ 的列和 L_j 的列相同，令 $u(l)u(l-1)\cdots u(0) = \delta_{k^{(l+1)m}}^{(j-1)k^m+1}$ 或 $\delta_{k^{(l+1)m}}^{(j-1)k^m+2}$，$\cdots$，或 $\delta_{k^{(l+1)m}}^{j\cdot k^m}$ 可以得出

$$x(l+1) = L_j x(0).$$

事实上，令 $u(l) = \delta_{k^m}^{j}$，可以得到 $u(l)u(l-1)\cdots u(0) = \delta_{k^{(l+1)m}}^{(j-1)k^m+j}$. 接下来我们选择 $u(t) = \delta_{k^m}^{j}$，$t \geq l$，用与上述类似的方法可以得到

$$x(t) = L_j x(0), \; t \geq l.$$

由上式有

$$\lim_{t \to \infty} x(t, t_0, x_0, u) = \delta_{k^n}^i. \tag{3-9}$$

必要性：如果对任意的控制 u，没有满足条件的 L_j，我们总可以找到初始状态 x_0，使得(3-9)不成立.

接下来，我们考虑 K-值逻辑系统的局部镇定问题：

定理 3.5：考虑具有 K-值逻辑变量序列控制的 K-值逻辑系统 (3-3)，或等价的系统(3-4)，假设其初始状态为 $x(0) = x_0^* = \delta_{k^n}^r$，系统 (3-3)，或等价的系统(3-4)，局部镇定到 $\delta_{k^n}^i$，当且仅当

(a) $\mathrm{Col}_i(\mathrm{Blk}_s(L)) = \delta_{k^n}^i$；

(b) 存在 L_j，$1 \leqslant j \leqslant k^m$，其中 $\mathrm{Col}_r(L_j) = \delta_{k^n}^i$.

控制策略为 $u(l-1)\cdots u(0) = \delta_{k^{lm}}^j$；$t \geqslant l$ 时，$u(t) = \delta_{k^m}^s$.

证明　充分性：通过计算有

$$x(l) = L(I_{k^m} \otimes L)\cdots(I_{k^{(l-1)m}} \otimes L)u(l-1)\cdots u(0)x(0)$$
$$= [L_1, L_2, \cdots, L_{k^{lm}}]u(l-1)\cdots u(0)x(0).$$

令 $u(l-1)\cdots u(0) = \delta_{k^{lm}}^j$ 可以得到

$$x(l) = [L_1, L_2, \cdots, L_{k^{lm}}](\delta_{k^{lm}}^j \otimes I_{k^n})x(0)$$
$$= L_j x(0) = L_j \delta_{k^n}^r = \mathrm{Col}_r(L_j) = \delta_{k^n}^i.$$

注意到

$$x(l+1) = Lu(l)x(l) = Lu(l)\delta_{k^n}^i = L\delta_{k^m}^s\delta_{k^n}^i = \mathrm{Blk}_s(L)\delta_{k^n}^i$$
$$= \mathrm{Col}_i(\mathrm{Blk}_s(L)) = \delta_{k^n}^i,$$

重复上述步骤，对 $t \geqslant l$，有 $x(t) = \delta_{k^n}^i$. 从上式可以得出

$$\lim_{t \to \infty} x(t, t_0, x_0, u) = \delta_{k^n}^i. \tag{3-10}$$

必要性：(反证法)假设条件(a)或(b)不满足.

(I) 如果条件(b)不满足，即对任意的时间 s，没有满足条件的 L_j 使得

$\mathrm{Col}_r(L_j) = \delta_{k^n}^i$ 成立,则 $x(s) = L_j x(0) = \mathrm{Col}_r(L_j) \neq \delta_{k^n}^i$,即(3 - 10)不成立.

(II) 如果条件(a)不满足,则由条件(b)成立可以得出,对时间 l,$\mathrm{Col}_i(\mathrm{Blk}_l(L)) \neq \delta_{k^n}^i$,$x(l+1) = Lu(s)x(s) = Lu(s)\delta_{k^n}^i = \mathrm{Col}_i(\mathrm{Blk}_l(L)) \neq \delta_{k^n}^i$.

因此我们可以得出定理结论. □

最后我们考虑控制为闭环控制的情况,通常将控制表示为

$$u(t) = Hx(t), \qquad (3 - 11)$$

其中,$H \in \mathcal{L}_{k^m \times k^n}$. 将其代入(3 - 4)可得

$$x(t+1) = Lu(t)x(t) = LHx^2(t) = LH\Phi_n x(t) := \bar{L}\, x(t).$$

$$(3 - 12)$$

则有如下定理:

定理 3. 6:考虑具有闭环控制(3 - 11)的系统(3 - 3),或等价的系统(3 - 12),全局镇定到 $\delta_{k^n}^i$,当且仅当存在一个整数 l,使得 $\bar{L}^l$ 的每一列等于 $\delta_{k^n}^i$,其中,$\bar{L} = LH\Phi_n$.

定理 3. 7:考虑具有闭环控制(3 - 11)的系统(3 - 3),或等价的系统(3 - 12),假设其初始状态为 $x(0) = x_0^* = \delta_{k^n}^r$,则系统(3 - 12)镇定到 $\delta_{k^n}^i$,当且仅当

(a) $\mathrm{Col}_i(\bar{L}) = \delta_{k^n}^i$;

(b) 存在整数 l,使得 $\mathrm{Col}_r(\bar{L}^l) = \delta_{k^n}^i$.

3. 2. 3　数值例子

例 3. 1:考虑如下的 Kleene - Dienes 型的三值逻辑系统:

$$\begin{cases} A(t+1) = u(t) \wedge (A(t) \wedge B(t)), \\ B(t+1) = u(t) \wedge (A(t) \to B(t)), \end{cases} \qquad (3 - 13)$$

控制 u 为自由的 K-值逻辑变量序列.

令 $x(t) = A(t)B(t)$,系统的状态转移矩阵可以计算如下

$$
\begin{aligned}
x(t+1) &= A(t+1)B(t+1) \\
&= M_c(I_3 \bigotimes M_c)(I_{3^3} \bigotimes M_c)(I_{3^4} \bigotimes M_i)\Phi_3 u(t)x(t) \\
&= \delta_9[1,5,9,4,5,8,7,7,7,5,5,9,5,5,8, \\
&\qquad 8,8,8,9,9,9,9,9,9,9,9]u(t)x(t) \\
&\triangleq Lu(t)x(t).
\end{aligned}
$$

故三值逻辑系统(3-13)可以转化为

$$
x(t+1) = Lu(t)x(t). \tag{3-14}
$$

将 L 等分为三个相等维数的块 $L = [L_1, L_2, L_3]$,我们可以看到 L_3 有相同的列 δ_9^9.由定理 3.3,令 $u = \delta_3^3$,系统(3-13),或等价的系统(3-15)全局镇定到 δ_9^9.

假设系统(3-13)的初始状态为 δ_9^4.注意到 $\mathrm{Blk}_2(L) = \delta_9[5,5,9,5,5,8,8,8,8]$,则有 $\mathrm{Col}_5(\mathrm{Blk}_2(L)) = \delta_9^5$,并且存在 L_2 使得 $\mathrm{Col}_4(L_2) = \delta_9^5$,由定理 3.5,令 $u = \delta_3^2$,初始状态为 δ_9^4 的系统(3-13),或等价的系统(3-15)局部镇定到 δ_9^5.

例 3.2:考虑 Kleene-Dienes 型的三值逻辑系统:

$$
\begin{cases}
A(t+1) = u(t) \rightarrow (A(t) \wedge B(t)), \\
B(t+1) = u(t) \wedge (A(t) \rightarrow B(t)),
\end{cases} \tag{3-15}
$$

其中 $u(t) = \nabla_2 A(t)$.

令 $x(t) = A(t)B(t)$,系统的状态转移矩阵可以计算如下

$$
\begin{aligned}
x(t+1) &= A(t+1)B(t+1) \\
&= M_i(I_3 \bigotimes M_c)(I_{3^3} \bigotimes M_c)(I_{3^4} \bigotimes M_i)\Phi_3 u(t)x(t) \\
&= \delta_9[1,5,9,4,5,8,7,7,7,2,5,6,5,5,5,5,
\end{aligned}
$$

$$5, 5, 3, 3, 3, 3, 3, 3, 3, 3, 3]u(t)x(t)$$

$$\triangleq Lu(t)x(t).$$

故系统(3-15)可以转化为

$$x(t+1) = Lx(t), \qquad (3-16)$$

其中,$L = \delta_9[1, 5, 9, 4, 5, 8, 7, 7, 7, 2, 5, 6, 5, 5, 5, 5, 5, 5, 3, 3,$
$3, 3, 3, 3, 3, 3, 3]$.

将 $u(t) = M_{\nabla_2}A(t)$ 代入到(3-16)可得

$$x(t+1) = Lu(t)x(t) = LM_{\nabla_2}\Phi_1 x(t)$$

$$= \delta_9[2, 5, 6, 5, 5, 5, 5, 5, 5]x(t)$$

$$\triangleq \bar{L}\,x(t).$$

通过计算有 $\bar{L}^2 = \delta_9[5, 5, 5, 5, 5, 5, 5, 5, 5]$,由定理 3.6 有,系统 (3-15),或等价的系统(3-16)全局镇定到 δ_9^5.

注释 3.1:如果系统(3-13)不具有控制输入,则可将其转化为

$$x(t+1) = Lx(t), \qquad (3-17)$$

其中,$L = M_c(I_9 \bigotimes M_i)\Phi_3 = \delta_9[1, 5, 9, 4, 5, 8, 7, 7, 7]$.通过计算,对 $l \geqslant 2$,有 $L^l \equiv \delta_9[1, 5, 7, 4, 5, 7, 7, 7, 7]$.我们有系统(3-17)不是全局稳定的.然而,在例 3.1 的自由的 K-值逻辑变量序列的控制下,或者在例 3.2 的闭环控制下,我们可以实现全局稳定性.

3.3　多值逻辑系统的同步问题

本节将讨论 K-值逻辑系统的同步问题.

主动系统为:

$$\begin{cases} A_1(t+1) = f_1(A_1(t), A_2(t), \cdots, A_n(t)), \\ A_2(t+1) = f_2(A_1(t), A_2(t), \cdots, A_n(t)), \\ \quad\quad\vdots \\ A_n(t+1) = f_n(A_1(t), A_2(t), \cdots, A_n(t)), \end{cases} \quad (3-18)$$

其中，$A_i \in D_k$，f_i 为逻辑函数，$i = 1, 2, \cdots, n$，$t = 0, 1, 2, \cdots$.

从动系统为：

$$\begin{cases} B_1(t+1) = g_1(u_1(t), u_2(t), \cdots, u_m(t), B_1(t), B_2(t), \cdots, B_n(t)), \\ B_2(t+1) = g_2(u_1(t), u_2(t), \cdots, u_m(t), B_1(t), B_2(t), \cdots, B_n(t)), \\ \quad\quad\vdots \\ B_n(t+1) = g_n(u_1(t), u_2(t), \cdots, u_m(t), B_1(t), B_2(t), \cdots, B_n(t)), \end{cases}$$
$$(3-19)$$

其中，$B_i \in D_k$ 为 K -值逻辑变量，g_i 为逻辑函数，$i = 1, 2, \cdots, n$，$u_j(t) \in D_k$ 为控制（或输入），$j = 1, 2, \cdots, m$，$t = 0, 1, 2, \cdots$.

3.3.1 主要结论

令 $x(t) = \ltimes_{i=1}^{n} A_i(t)$，可将(3-18)转化为

$$x(t+1) = \widetilde{L} x(t), \quad x \in \Delta_{k^n}, \quad (3-20)$$

其中，$\widetilde{L} = \widetilde{M}_1 \ltimes_{j=2}^{n} [(I_{k^n} \otimes \widetilde{M}_j) \Phi_n]$，$\widetilde{M}_i$ 为 f_i 的结构矩阵.

令 $y(t) = \ltimes_{i=1}^{n} B_i(t)$，$u(t) = \ltimes_{i=1}^{m} u_i(t)$，可以将(3-19)转化为

$$y(t+1) = Lu(t)y(t), \quad (3-21)$$

其中，$L = M_1 \ltimes_{j=2}^{n} [(I_{k^{m+n}} \otimes M_j) \Phi_{m+n}]$，$M_j$ 为 g_j 的结构矩阵.

注意到 K -值逻辑系统的状态为 k^n，则 K -值逻辑系统从初始状态出发必然进入不动点或者极限圈. 因此本文我们考虑同步问题如下：

（I）主动系统最终进入长度为 1 的循环（即不动点）. 这种情况下我们

只要证明从动系统最终镇定到此不动点即可.

(II) 主动系统最终进入循环. 不失一般性, 我们假设存在时间 $t = s$, 主动系统从初始状态出发, 最终在时间 $t = s$ 进入循环

$$C_0 : q_1 = \delta_{k^n}^{i_1} \to q_2 = \delta_{k^n}^{i_2} \to \cdots \to q_l = \delta_{k^n}^{i_l} \to q_1.$$

由于 3.2.2 节我们已经给出了镇定性的结果, 我们只需考虑情况(II), 即我们要证明存在时间 $t = s$, 从动系统在时间 $t = s$ 进入循环 C_0.

本节我们将考虑两类控制, 即自由的 K -值逻辑变量的开环控制和闭环控制(3-5).

我们首先考虑控制为开环控制的情况.

定理 3.8:(i) 假设

(a1) 存在 L_j, $1 \leqslant j \leqslant k^m$, 使得 L_j 有相同的列 $\delta_{k^n}^{i_1}$;

(b1) 存在 $\mathrm{Col}_{i_1}(\mathrm{Blk}_{r_s}(L)) = \delta_{k^n}^{i_2}$, $\mathrm{Col}_{i_2}(\mathrm{Blk}_{r_{s+1}}(L)) = \delta_{k^n}^{i_3}$, $\cdots$, $\mathrm{Col}_{i_{l-1}}(\mathrm{Blk}_{r_{s+l-2}}(L)) = \delta_{k^n}^{i_l}$, $\mathrm{Col}_{i_l}(\mathrm{Blk}_{r_{s+l-1}}(L)) = \delta_{k^n}^{i_1}$.

那么存在自由的 K -值逻辑变量序列控制使得系统(3-18)全局同步于(3-19).

(ii) 假设系统(3-19)的初始状态为 $y(0) = \delta_{k^n}^{r}$, 并且如下条件满足:

(a2) 存在 $\mathrm{Col}_r(L_j) = \delta_{k^n}^{i_1}$;

(b2) 存在 $\mathrm{Col}_{i_1}(\mathrm{Blk}_{r_s}(L)) = \delta_{k^n}^{i_2}$, $\mathrm{Col}_{i_2}(\mathrm{Blk}_{r_{s+1}}(L)) = \delta_{k^n}^{i_3}$, $\cdots$, $\mathrm{Col}_{i_{l-1}}(\mathrm{Blk}_{r_{s+l-2}}(L)) = \delta_{k^n}^{i_l}$, $\mathrm{Col}_{i_l}(\mathrm{Blk}_{r_{s+l-1}}(L)) = \delta_{k^n}^{i_1}$.

那么存在自由的 K -值逻辑变量序列控制使得系统(3-18)局部同步于(3-19).

证明　(i) 在时间 $t = s$, 令 $u(s-1)\cdots u(0) = \delta_{k^{sm}}^{j}$, 有

$$y(s) = L(I_{k^m} \otimes L)\cdots(I_{k^{(s-1)m}} \otimes L)u(s-1)\cdots u(0)y(0)$$

$$= [L_1, L_2, \cdots, L_{k^{sm}}]u(s-1)\cdots u(0)y(0) = L_j y(0) = \delta_{k^n}^{i_1}.$$

接下来,令控制为 $u(s) = u(s+al) = \delta_{k^m}^{r_s}$, $u(s+1) = u(s+1+al) = \delta_{k^m}^{r_{s+1}}$,$\cdots$,$u(s+l-2) = u(s+l-2+al) = \delta_{k^m}^{r_{s+l-2}}$,$u(s+l-1) = u(s+l-1+al) = \delta_{k^m}^{r_{s+l-1}}$,$a = 1, 2, \cdots$,则有

$$
\begin{aligned}
y(s+1) &= Lu(s)y(s) = L\delta_{k^m}^{r_s}\delta_{k^n}^{i_1} \\
&= \text{Blk}_{r_s}(L)\delta_{k^n}^{i_1} = \text{Col}_{i_1}(\text{Blk}_{r_s}(L)) = \delta_{k^n}^{i_2}, \\
y(s+2) &= Lu(s+1)y(s+1) = L\delta_{k^m}^{r_{s+1}}\delta_{k^n}^{i_2} = \text{Blk}_{r_{s+1}}(L)\delta_{k^n}^{i_2} \\
&= \text{Col}_{i_2}(\text{Blk}_{r_{s+1}}(L)) = \delta_{k^n}^{i_3}, \\
&\vdots \\
y(s+l-1) &= Lu(s+l-2)y(s+l-2) = L\delta_{k^m}^{r_{s+l-2}}\delta_{k^n}^{i_{l-1}} \\
&= \text{Blk}_{r_{s+l-2}}(L)\delta_{k^n}^{i_{l-1}} = \text{Col}_{i_{l-1}}(\text{Blk}_{r_{s+l-2}}(L)) = \delta_{k^n}^{i_l}, \\
y(s+l) &= Lu(s+l-1)y(s+l-1) = L\delta_{k^m}^{r_{s+l-1}}\delta_{k^n}^{i_l} = \text{Blk}_{r_{s+l-1}}(L)\delta_{k^n}^{i_l} \\
&= \text{Col}_{i_l}(\text{Blk}_{r_{s+l-1}}(L)) = \delta_{k^n}^{i_1}.
\end{aligned}
$$

重复上述步骤,可以得到系统(3-19)在时间 $t = s$ 进入到循环 C_0. 在时间 $t = s$ 后,系统(3-19)全局同步于(3-18).

(ii) 令 $u(s-1)\cdots u(0) = \delta_{k^m}^{j}$,有

$$
\begin{aligned}
y(s) &= L(I_{k^m}\bigotimes L)\cdots(I_{k^{(s-1)m}}\bigotimes L)u(s-1)\cdots u(0)y(0) \\
&= [L_1, L_2, \cdots, L_{k^{sm}}]u(s-1)\cdots u(0)y(0) \\
&= L_j y(0) = L_j\delta_{k^n}^{r} = \text{Col}_r(L_j) = \delta_{k^n}^{i_1}.
\end{aligned}
$$

类似于(i)的证明可以得出结论. □

接下来我们考虑具有闭环控制(3-5)的同步问题:

定理 3.9: (i) 假设

(a1) 存在 $\bar{L}^s$,使得 $\bar{L}^s$ 有相同的列 $\delta_{k^n}^{i_1}$;

(b1) 存在 $\text{Col}_{i_1}(\bar{L}) = \delta_{k^n}^{i_2}$, $\text{Col}_{i_2}(\bar{L}) = \delta_{k^n}^{i_3}$,$\cdots$,$\text{Col}_{i_{l-1}}(\bar{L}) = \delta_{k^n}^{i_l}$,

$\mathrm{Col}_{i_l}(\bar{L}) = \delta_{k^n}^{i_1}$. 那么存在闭环控制(3-5),使得(3-19)全局同步于(3-18).

(ii) 假设(3-19)的初始状态为 $y(0) = \delta_{k^n}^r$,并且如下条件满足:

(a2) $\mathrm{Col}_r(\bar{L}^s) = \delta_{k^n}^{i_1}$;

(b2) $\mathrm{Col}_{i_1}(\bar{L}) = \delta_{k^n}^{i_2}$, $\mathrm{Col}_{i_2}(\bar{L}) = \delta_{k^n}^{i_3}$, $\cdots$, $\mathrm{Col}_{i_{l-1}}(\bar{L}) = \delta_{k^n}^{i_l}$, $\mathrm{Col}_{i_l}(\bar{L}) = \delta_{k^n}^{i_1}$. 那么存在闭环控制(3-5),使得(3-19)局部同步于(3-18).

证明　(i) 通过计算有

$$y(s) = \bar{L}^s y(0) = [\delta_{k^n}^{i_1}, \delta_{k^n}^{i_1}, \cdots, \delta_{k^n}^{i_1}] y(0) = \delta_{k^n}^{i_1},$$

$$y(s+1) = \bar{L} y(s) = \bar{L}\delta_{k^n}^{i_1} = \mathrm{Col}_{i_1}(\bar{L}) = \delta_{k^n}^{i_2},$$

$$y(s+2) = \bar{L} y(s+1) = \bar{L}\delta_{k^n}^{i_2} = \mathrm{Col}_{i_2}(L) = \delta_{k^n}^{i_3},$$

$$\vdots$$

$$y(s+l-1) = \bar{L} y(s+l-2) = \bar{L}\delta_{k^n}^{i_{l-1}} = \mathrm{Col}_{i_{l-1}}(\bar{L}) = \delta_{k^n}^{i_l},$$

$$y(s+l) = \bar{L} y(s+l-1) = \bar{L}\delta_{k^n}^{i_l} = \mathrm{Col}_{i_l}(\bar{L}) = \delta_{k^n}^{i_1}.$$

重复上述步骤,可以得到系统(3-19)在时间 $t=s$ 进入到循环 C_0,即系统(3-19)全局同步于系统(3-18).

(ii) 通过计算,有

$$y(s) = \bar{L}^s y(0) = \bar{L}^s \delta_{k^n}^r = \mathrm{Col}_r(\bar{L}^s) = \delta_{k^n}^{i_1}.$$

类似于(i)的证明可以得出结论.　　　□

3.3.2　数值例子

例 3.3: 考虑如下的 Kleene-Dienes 类型的三值逻辑系统. 主动系统为:

$$\begin{cases} A_1(t+1) = A_1(t) \wedge B_1(t), \\ B_1(t+1) = A_1(t) \leftrightarrow B_1(t). \end{cases} \tag{3-22}$$

从动系统为：

$$\begin{cases} A_2(t+1) = u(t) \wedge (A_2(t) \vee B_2(t)), \\ B_2(t+1) = u(t) \wedge (A_2(t) \rightarrow B_2(t)). \end{cases} \quad (3-23)$$

令 $x(t) = A(t)B(t)$，则系统$(3-22)$的状态转移矩阵可以计算如下

$$\begin{aligned} x(t+1) &= A_1(t+1)B_1(t+1) = M_c(I_9 \otimes M_e)\Phi_2 x(t) \\ &= \delta_9[1, 5, 9, 5, 5, 8, 9, 8, 7]x(t) \\ &\triangleq \widetilde{L} u(t)x(t). \end{aligned}$$

假设$(3-22)$的初始状态为 $x(0) = \delta_9^3$，则主动系统在时间 $t=1$ 进入循环 $C_0: \delta_9^9 \rightarrow \delta_9^7 \rightarrow \delta_9^9$.

令 $y(t) = A_2(t)B_2(t)$，$(3-23)$可以转化为

$$\begin{aligned} y(t+1) &= A_2(t+1)B_2(t+1) \\ &= M_c(I_3 \otimes M_d)(I_{3^3} \otimes M_c)(I_{3^4} \otimes M_i)\Phi_3 u(t)y(t) \\ &= \delta_9[1, 2, 3, 1, 5, 5, 1, 4, 7, 5, 5, 6, 5, 5, 5, \\ &\quad\quad 5, 5, 8, 9, 9, 9, 9, 9, 9, 9, 9, 9]y(t) \\ &\triangleq Ly(t). \end{aligned}$$

我们可以看到，存在 $L_3 = \mathrm{Blk}_3(L)$ 有相同的列 δ_9^9. 设计控制策略如下：当 s 为偶数时，$u(s) = \delta_3^3$；当 s 为奇数时，$u(s) = \delta_3^1$. 对从动系统的任意的初始状态在时间 $t=1$ 有

$$y(1) = Lu(0)y(0) = L\delta_3^3 y(0) = \mathrm{Blk}_3(L)y(0) = \delta_9^9.$$

注意到 $\mathrm{Col}_9(\mathrm{Blk}_1(L)) = \delta_9^7$，$\mathrm{Col}_7(\mathrm{Blk}_3(L)) = \delta_9^9$，由定理3.8，从动系统$(3-23)$全局同步于主动系统$(3-22)$.

本章部分结果来源于作者在学期间文献[4]和[13].

第4章

概率布尔网络的可控性及稳定性

　　本章应用矩阵的半张量积理论考虑概率布尔网络的可控性和稳定性，共三节. 4.1 节介绍概率布尔网络的相关知识. 4.2 节研究概率布尔网络的可控性，得到在时间 $t = s$ 可控的充分必要条件，以及全局可控的充分条件. 4.3 节讨论概率布尔网络的稳定性，得到以概率 1 稳定以及镇定的充分必要条件.

4.1　预　备　知　识

　　本节主要介绍随机布尔变量的向量形式以及概率布尔网络的矩阵表示.

4.1.1　随机布尔变量的向量形式

　　我们介绍随机布尔变量的向量形式. 随机布尔变量从集合 $\Omega = [0, 1]$ 中取值. 定义 $\Lambda = \left\{ \begin{bmatrix} \alpha \\ 1-\alpha \end{bmatrix} \middle| \alpha \in \Omega \right\}$，在 Ω 和 Λ 之间建立一一对应的关系 $\alpha \Leftrightarrow$

$\begin{bmatrix} \alpha \\ 1-\alpha \end{bmatrix}$. 定义 $\Lambda_n = \{v = (v_1, \cdots, v_n)^{\mathrm{T}} \in R^n \mid v_i \geqslant 0, \sum\limits_{i=1}^{n} v_i = 1\}$.

接下来,我们给出随机逻辑矩阵的概念. 如果矩阵 $\boldsymbol{A}$ 的列是集合 Λ_m 中的元素,则矩阵 $\boldsymbol{A} \in M_{m \times n}$ 叫作随机逻辑矩阵. 将 $m \times n$ 的随机逻辑矩阵记为 $\mathcal{L}_{m \times n}^r$.

4.1.2 概率布尔网络的矩阵表示

考虑具有 n 个变量的布尔网络(2-1),如果布尔网络(2-1)中的逻辑函数 f_i 有 l_i 个选择,其中 f_i 是 f_i^j 的概率为 p_i^j,将此概率记为 $P_r\{f_i = f_i^j\} = p_i^j$, $i = 1, 2, \cdots, n$, $j = 1, 2, \cdots, l_i$,即 $f_i \in \{f_i^1, f_i^2, \cdots, f_i^{l_i}\}$,并且 $\sum\limits_{j=1}^{l_i} p_i^j = 1$, $i = 1, 2, \cdots, n$.

假设所要研究的概率布尔网络是独立的(f_1, f_2, $\cdots$, f_n 是独立的),即

$$P_r\{f_i = f_i^j, f_l = f_l^*\} = P_r\{f_i = f_i^j\} \cdot P_r\{f_l = f_l^*\}.$$

我们用矩阵 $\boldsymbol{K}$ 表示网络的指标集合,见文献[5],

$$\boldsymbol{K} = \begin{bmatrix} 1 & 1 & \cdots & 1 & 1 \\ 1 & 1 & \cdots & 1 & 2 \\ \vdots & \vdots & \ddots & \vdots & \vdots \\ 1 & 1 & \cdots & 1 & l_n \\ 1 & 1 & \cdots & 2 & 1 \\ 1 & 1 & \cdots & 2 & 2 \\ \vdots & \vdots & \ddots & \vdots & \vdots \\ 1 & 1 & \cdots & 2 & l_n \\ \vdots & \vdots & \ddots & \vdots & \vdots \\ l_1 & l_2 & \cdots & l_{n-1} & l_n \end{bmatrix},$$

$K \in \mathcal{M}_{N \times n}$，$N = \prod_{j=1}^{n} l_j$. 矩阵 $\boldsymbol{K}$ 的每一行表示网络的指标，其中网络 i 被选取的概率为

$$P_i = P_r\{\text{网络 } i \text{ 被选取}\} = \prod_{j=1}^{n} p_j^{K_{ij}}.$$

K_{ij} 为矩阵 $\boldsymbol{K}$ 的第 i 行第 j 列元素.

定义双射 $x(t) = \ltimes_{i=1}^{n} A_i(t)$，应用矩阵的半张量积的性质，对于每一个可能的网络有

$$x(t+1) = \bar{L}_i x(t), \ i = 1, 2, \cdots, N.$$

因此 $x(t+1)$ 的期望满足

$$Ex(t+1) = \bar{L} \, Ex(t),$$

其中，$\bar{L} = \sum_{i=1}^{N} P_i \bar{L}_i$.

类似地，我们考虑概率布尔控制网络. 系统描述如下：

$$\begin{cases} A_1(t+1) = f_1(u_1(t), \cdots, u_m(t), A_1(t), \cdots, A_n(t)), \\ A_2(t+1) = f_2(u_1(t), \cdots, u_m(t), A_1(t), \cdots, A_n(t)), \\ \quad \vdots \\ A_n(t+1) = f_n(u_1(t), \cdots, u_m(t), A_1(t), \cdots, A_n(t)), \end{cases} \quad (4-1)$$

其中，$f_i: \mathcal{D}^{n+m} \to \mathcal{D}$，$i = 1, 2, \cdots, n$ 是逻辑函数；$u_j \in \mathcal{D}$，$j = 1, 2, \cdots$，m 为输入（或控制）. 现假设 f_i 从 f_i^j 中选择，$j = 1, 2, \cdots, l_i$，概率为

$$P_r\{f_i = f_i^j\} = p_i^j > 0, \ j = 1, 2, \cdots, l_i.$$

对于每一个网络，应用矩阵的半张量积的性质，我们有

$$x(t+1) = L_i u(t) x(t), \ i = 1, 2, \cdots, N. \quad (4-2)$$

L_i 可以计算如下：令 $x(t) = \ltimes_{j=1}^{n} A_j(t)$，$u(t) = \ltimes_{j=1}^{m} u_j(t)$，对于每一个逻辑函数 $f_j^{K_{ij}}$，$j = 1, 2, \cdots, n$，我们可以找到其结构矩阵 $M_j^{K_{ij}}$，应用定理

1.2,有

$$A_j(t+1) = M_j^{K_{ij}} u(t) x(t), \quad j = 1, 2, \cdots, n. \qquad (4-3)$$

将(4-3)的左右两边分别相乘得到

$$x(t+1) = L_i u(t) x(t),$$

其中,$L_i = M_1^{K_{i1}} (I_{2^{m+n}} \otimes M_2^{K_{i2}}) \Phi_{m+n} \cdots (I_{2^{m+n}} \otimes M_n^{K_{in}}) \Phi_{m+n}$, $\Phi_k = \prod_{i=1}^{k} I_{2^{i-1}} \otimes [(I_2 \otimes W_{[2, 2^{k-i}]}) M_r]$, $W_{[2, 2^{k-i}]}$ 是换位矩阵.

因此 $x(t+1)$ 的期望满足

$$Ex(t+1) = Lu(t) Ex(t), \qquad (4-4)$$

其中,$L = \sum_{i=1}^{N} P_i L_i$.

本章中我们主要考虑两类的控制,即开环控制和闭环控制.

(I) 开环控制

本章,我们考虑两类开环控制.其中一类控制为自由的布尔变量,另一类控制为布尔网络.

(Ia) 控制为自由的布尔变量,令 $u(t) = \ltimes_{j=1}^{m} u_j(t)$, $u_j \in \Delta_2$.

(Ib) 控制为满足一些逻辑法则的布尔变量,即控制是布尔网络:

$$\begin{cases} u_1(t+1) = g_1(u_1(t), u_2(t), \cdots, u_m(t)), \\ u_2(t+1) = g_2(u_1(t), u_2(t), \cdots, u_m(t)), \\ \quad \vdots \\ u_m(t+1) = g_m(u_1(t), u_2(t), \cdots, u_m(t)), \end{cases} \qquad (4-5)$$

其中,$g_i: \mathcal{D}^m \to \mathcal{D}$, $i = 1, 2, \cdots, m$ 为逻辑函数.

(II) 闭环控制

令 $u(t)$ 为 $x(t)$ 的逻辑函数,我们将其表示为

$$u(t) = Hx(t), \tag{4-6}$$

其中 $H \in \mathcal{L}_{2^m \times 2^n}$.

4.2　概率布尔网络的可控性

本节我们研究概率布尔网络的可控性.

4.2.1　主要结论

定义 4.1：考虑 4.1.2 节所介绍的概率布尔网络，给定初始状态 $X(0) = X_0 \in \mathcal{D}$, $X_0 \sim x_0 \in \Delta_{2^n}$, 目标状态 $X_d \sim x_d \in \Delta_{2^n}$. 如果可以找到控制序列 $\{u(0), u(1), \cdots, u(s-1)\}$ 使得

$$P_r\{x_d = x(s) \mid x(0) = x_0\} = 1,$$

则称 $x_d \in \Delta_{2^n}$ 为从初始状态 x_0 在时间 $t = s$ 以概率 1 可达.

初始状态 x_0 在时间 $t = s$ 以概率 1 可达的状态的集合记为 $R_s(x_0)$, 以概率 1 的所有的可达的状态的集合记为 $R(x_0) = \bigcup\limits_{s=1}^{\infty} R_s(x_0)$.

接下来我们给出情况(Ia)的结论：

定理 4.1：考虑 4.1.2 节所介绍的概率布尔控制网络(4-1)，控制为自由的布尔变量序列. $x_d \in \Delta_{2^n}$ 为从初始状态 $x(0) = x_0$ 在时间 $t = s$ 以概率 1 可达，控制为 $u(0), u(1), \cdots, u(s-1)$, 当且仅当

$$x_d \in \mathrm{Col}_{\Delta_{2^n}}\{\tilde{L}^s x_0\},$$

其中，$\tilde{L} = LW_{[2^n, 2^m]}$, $L = \sum\limits_{i=1}^{N} P_i L_i$. $\mathrm{Col}_{\Delta_{2^n}}\{\tilde{L}^s x_0\}$ 表示列的集合，其元素在集合 $\mathrm{Col}\{\tilde{L}^s x_0\}$ 和 Δ_{2^n} 中.

证明　应用矩阵的半张量积的性质，我们可以将(4-2)写为

$$x(t+1) = L_i W_{[2^n, 2^m]} x(t) u(t).$$

因此 $x(t+1)$ 的期望为

$$Ex(t+1) = \sum_{i=1}^{N} P_i L_i W_{[2^n, 2^m]} Ex(t)u(t)$$
$$= LW_{[2^n, 2^m]} Ex(t)u(t) = \tilde{L} Ex(t)u(t).$$

通过计算有

$$Ex(1) = \tilde{L} Ex(0)u(0) = \tilde{L} x(0)u(0),$$
$$Ex(2) = \tilde{L} Ex(1)u(1) = \tilde{L}^2 x(0)u(0)u(1).$$

由数学归纳法,我们可以得出

$$Ex(s) = \tilde{L}^s x(0)u(0)u(1)\cdots u(s-1).$$

注意到 $u(0)u(1)\cdots u(s-1) \in \Delta_{2^{sm}}$,则 x_d 以概率 1 等于 $x(s)$,当且仅当 $x_d \in \mathrm{Col}_{\Delta_{2^n}}\{\tilde{L}^s x_0\}$. $\qquad\square$

注释 4.1:由定理 4.1,可以看出初始状态 x_0 在时间 s 以概率 1 的可达集 $R_s(x_0) = \mathrm{Col}_{\Delta_{2^n}}\{\tilde{L}^s x_0\}$.

定理 4.2:考虑概率布尔控制网络(4-1),控制为自由的布尔变量序列. 假设存在最小的正整数 k,使得

$$\mathrm{Col}\{\tilde{L}^{k+1} x_0\} \subset \mathrm{Col}\{\tilde{L}^s x_0 \mid s = 1, 2, \cdots, k\},$$

则以概率 1 可达集为

$$R(x_0) = \bigcup_{i=1}^{k} \mathrm{Col}_{\Delta_{2^n}}\{\tilde{L}^i x_0\},$$

其中,$\tilde{L} = LW_{[2^n, 2^m]}$,$L = \sum_{i=1}^{N} P_i L_i$.

证明 由定理 4.1 可知,初始状态 x_0 以概率 1 可达的集合 $R(x_0)$ 为

$$R(x_0) = \bigcup_{i=1}^{\infty} \mathrm{Col}_{\Delta_{2^n}}\{\tilde{L}^i x_0\}.$$

注意到

$$\mathrm{Col}\{\widetilde{L}^{k+2}x_0\} = \mathrm{Col}\{\widetilde{L}\,\widetilde{L}^{k+1}x_0\} = \widetilde{L}\mathrm{Col}\{\widetilde{L}^{k+1}x_0\} \subset \widetilde{L}\mathrm{Col}\{\widetilde{L}^{s}x_0\}$$

$$= \mathrm{Col}\{\widetilde{L}^{s+1}x_0\},$$

从上述不等式可以看出在时刻 k 后没有新的列. 因此可以得出定理的结论. □

注释 4.2：类似于文献[42]的可控以及全局可控的定义有，如果对于初始状态 x_0 有 $R(x_0) = \Delta_{2^n}$，则称概率布尔控制网络(4-1)在 x_0 可控；如果对于任意的初始状态 x_0 有 $R(x_0) = \Delta_{2^n}$，则称概率布尔控制网络(4-1)全局可控. 由定理 4.2 有，如果 $R(x_0) = \bigcup\limits_{i=1}^{k}\mathrm{Col}_{\Delta_{2^n}}\{\widetilde{L}^{i}x_0\} = \Delta_{2^n}$，则控制为自由的布尔变量序列的概率布尔控制网络(4-1)在 x_0 可控. 如果对于任意的初始状态存在一个最小的整数 k 使得

$$\mathrm{Col}\{\widetilde{L}^{k+1}x_0\} \subset \mathrm{Col}\{\widetilde{L}^{s}x_0 \mid s = 1, 2, \cdots, k\},$$

若 $\forall\, x_0 \in \Delta_{2^n}$ 有 $R(x_0) = \bigcup\limits_{i=1}^{k}\mathrm{Col}_{\Delta_{2^n}}\{\widetilde{L}^{i}x_0\} = \Delta_{2^n}$，则控制为自由的布尔变量序列的概率布尔控制网络(4-1)全局可控. 这里只给出概率布尔控制网络的可控以及全局可控的粗略结果，今后我们也将对此进行更为深入的研究.

接下来，我们考虑情形(Ib)，即控制为布尔网络.

由矩阵的半张量积的性质，可以将(4-5)转化成矩阵的形式

$$u(t+1) = Gu(t), \tag{4-7}$$

其中，$G \in \mathcal{L}_{2^m \times 2^m}$ 为(4-5)的状态转移矩阵.

定理 4.3：考虑概率布尔控制网络(4-1)，控制为(4-5)，其中控制策略是确定的，即 G 是确定的. $x_d \in \Delta_{2^n}$ 为从初始状态 $x(0) = x_0$ 在时间 s 以概率 1 可控的，当且仅当

$$x_d \in \mathrm{Col}_{\Delta_{2^n}} \{\Theta^G(s) W_{[2^n, \, 2^m]} x_0\},$$

其中,

$$\Theta^G(t) = L G^{t-1} (I_{2^m} \bigotimes L G^{t-2}) (I_{2^{2m}} \bigotimes L G^{t-3}) \cdots (I_{2^{(t-1)m}} \bigotimes L) (I_{2^{(t-2)m}} \bigotimes$$

$$\Phi_m) \cdots (I_{2^m} \bigotimes \Phi_m) \Phi_m, \ \mathrm{Col}\{\Theta^G(s) W_{[2^n, \, 2^m]} x_0\} \ 表示列的集合,其元素在集$$

合 $\mathrm{Col}\{\Theta^G(s) W_{[2^n, \, 2^m]} x_0\}$ 和 Δ_{2^n} 中.

证明 由(4-4)和(4-7),通过计算有

$$Ex(1) = Lu(0)Ex(0) = Lu(0)x(0) = \Theta^G(1)u(0)x(0)$$
$$= \Theta^G(1) W_{[2^n, \, 2^m]} x(0) u(0),$$

$$Ex(2) = Lu(1)Ex(1) = LGu(0)Lu(0)x(0)$$
$$= LG(I_{2^m} \bigotimes L) \Phi_m u(0) x(0)$$
$$= \Theta^G(2) u(0) x(0) = \Theta^G(2) W_{[2^n, \, 2^m]} x(0) u(0),$$

$$Ex(3) = Lu(2)Ex(2) = LG^2 u(0) LG(I_{2^m} \bigotimes L) \Phi_m u(0) x(0)$$
$$= LG^2 (I_{2^m} \bigotimes LG)(I_{2^{2m}} \bigotimes L)(I_{2^m} \bigotimes \Phi_m) \Phi_m u(0) x(0)$$
$$= \Theta^G(3) u(0) x(0)$$
$$= \Theta^G(3) W_{[2^n, \, 2^m]} x(0) u(0).$$

应用数学归纳法可以证明

$$Ex(s) = LG^{s-1}(I_{2^m} \bigotimes LG^{s-2})(I_{2^{2m}} \bigotimes LG^{s-3}) \cdots (I_{2^{(s-1)m}} \bigotimes L)$$
$$(I_{2^{(s-2)m}} \bigotimes \Phi_m) \cdots (I_{2^m} \bigotimes \Phi_m) \Phi_m u(0) x(0)$$
$$= \Theta^G(s) u(0) x(0) = \Theta^G(s) W_{[2^n, \, 2^m]} x(0) u(0).$$

由 $u(0) \in \Delta_{2^m}$,可得 x_d 以概率 1 等于 $x(s)$,当且仅当 $x_d \in$ $\mathrm{Col}_{\Delta_{2^n}} \{\Theta^G(s) W_{[2^n, \, 2^m]} x_0\}$. □

接下来,我们介绍下文需要用到的一个引理.

引理 4.1(文献[41]):对于一个布尔网络,如果其状态转移矩阵是非奇异的,则该网络的每一个节点都在循环上.

循环的概念如下：若 $L^k x_0 = x_0$，并且集合 $\{x_0, Lx_0, \cdots, L^k x_0\}$ 中的元素互不相同，则称 $\{x_0, Lx_0, \cdots, L^k x_0\}$ 为布尔网络的一个长度为 k 的循环.

假设

A1. G 是非奇异的.

由引理 4.1 可知，可以找到最小的 $l > 0$，使得 $G^l u(0) \equiv u(0)$. 构造映射

$$\Psi := LG^{l-1}u(0)LG^{l-2}u(0)\cdots LGu(0)Lu(0).$$

假设

A2. 存在最小的正整数 k 使得 $\Psi^k x_0 = \Psi^s x_0$，$s \in \{1, 2, \cdots, k-1\}$.

通过计算有

$$Ex(1) = Lu(0)Ex(0) = Lu(0)x(0),$$

$$Ex(2) = Lu(1)Ex(1) = LGu(0)Lu(0)x(0),$$

$$\vdots$$

$$Ex(l) = LG^{l-1}u(0)\cdots LGu(0)Lu(0)x(0) = \Psi x(0),$$

$$Ex(l+1) = Lu(l)Ex(l) = LG^l u(0)\Psi x(0) = Lu(0)\Psi x(0),$$

$$Ex(l+2) = Lu(l+1)Ex(l+1) = LGu(0)Lu(0)\Psi x(0),$$

$$\vdots$$

$$Ex(2l) = LG^{l-1}u(0)\cdots LGu(0)Lu(0)\Psi x(0) = \Psi^2 x(0),$$

应用数学归纳法可以证明

$$Ex(sl) = \Psi^s x(0),$$

$$Ex(sl+1) = Lu(0)\Psi^s x(0),$$

$$\vdots$$

$$Ex((s+1)l) = \Psi^{s+1} x(0),$$

$$\vdots$$

$$Ex((k-1)l+1) = Lu(0)\Psi^{k-1}x(0),$$

$$Ex((k-1)l+2) = LGu(0)Lu(0)\Psi^{k-1}x(0),$$

$$\vdots$$

$$Ex(kl) = \Psi^k x(0) = \Psi^s x(0),$$

$$Ex(kl+1) = Lu(0)\Psi^k x(0) = Lu(0)\Psi^s x(0) = Ex(sl+1),$$

$$\vdots$$

$$Ex((k+1)l) = \Psi^{k+1}x(0) = \Psi^{s+1}x(0) = Ex((s+1)l).$$

从上式可以看出,在时间 kl 之后没有新的列,因此可以得出结论:

定理 4.4: 考虑概率布尔控制网络(4-1),其控制为(4-5),假设满足条件 A1 和 A2,则初始状态 x_0 以概率 1 的可达集为

$$R_{u_0}(x_0) = \bigcup_{i=1}^{kl} \mathrm{Col}_{\Delta_{2^n}}\{\Theta^G(i)u_0 x_0\}.$$

最后我们考虑情形(II),即控制为闭环控制. 通常将其表示为

$$u(t) = Hx(t),$$

其中, $H \in \mathcal{L}_{2^m \times 2^n}$. 将其代入(4-2)可以得出

$$x(t+1) = L_i u(t)x(t) = L_i H x^2(t) = L_i H \Phi_n x(t).$$

因此 $x(t+1)$ 的期望满足

$$Ex(t+1) = \sum_{i=1}^{N} P_i L_i H \Phi_n Ex(t) \triangleq \check{L}Ex(t). \tag{4-8}$$

定理 4.5: 考虑概率布尔控制网络(4-1),其控制为闭环控制. 假设存在最小的正整数 k 使得 $\check{L}^{k+1}x(0) = \check{L}^s x(0)$, $s \in \{1, 2, \cdots, k\}$,则初始状态 $x(0) = x_0$ 以概率 1 的可达集为

$$\bigcup_{i=1}^{k} \mathrm{Col}_{\Delta_{2^n}}\{\check{L}^i x_0\},$$

其中，$\mathrm{Col}_{\Delta_{2^n}}\{\check{L}^i x_0\}$ 表示列的集合，其元素在集合 $\mathrm{Col}_{\Delta_{2^n}}\{\check{L}^i x_0\}$ 和 Δ_{2^n} 中.

证明　通过计算有

$$Ex(1) = \check{L}Ex(0) = \check{L}x(0),$$

$$Ex(2) = \check{L}Ex(1) = \check{L}^2 x(0).$$

类似地，有

$$Ex(s) = \check{L}^s x(0),$$

$$Ex(s+1) = \check{L}^{s+1} x(0).$$

因为 $\check{L}^{k+1} x_0 = \check{L}^s x_0$，则有 $Ex(k+1) = \check{L}^{k+1} x_0 = \check{L}^s x_0 = Ex(s)$. 因此

$$Ex(k+2) = \check{L}Ex(k+1) = \check{L}Ex(s) = Ex(s+1),$$

$$Ex(k+3) = \check{L}Ex(k+2) = \check{L}Ex(s+1) = Ex(s+2),$$

$$\vdots$$

$$Ex(k+k-s+2) = Ex(s+k-s+1) = Ex(k+1) = Ex(s).$$

重复上述步骤有，在时间 k 后没有新的列，则初始状态 x_0 以概率 1 的可达集为

$$\bigcup_{i=1}^{k} \mathrm{Col}_{\Delta_{2^n}}\{\check{L}^i x_0\}. \qquad \square$$

注释 4.3：如果 $R(x_0) = \bigcup_{i=1}^{k} \mathrm{Col}_{\Delta_{2^n}}\{\check{L}^i x_0\} = \Delta_{2^n}$，则具有闭环控制的概率布尔控制网络(4-1)为从 x_0 可控的. 如果对于任意的初始状态，存在最小的正整数 k，使得 $\check{L}^{k+1} x(0) = \check{L}^s x(0)$，$s \in \{1, 2, \cdots, k\}$，并且如果 $\forall x_0 \in \Delta_{2^n}$ 有 $R(x_0) = \bigcup_{i=1}^{k} \mathrm{Col}_{\Delta_{2^n}}\{\check{L}^i x_0\} = \Delta_{2^n}$，则具有闭环控制的概率布尔控制网络(4-1)为全局可控的.

4.2.2　数值例子

例 4.1：考虑如下的概率布尔控制网络：

$$\begin{cases} A(t+1) = f_1(u_1(t), A(t), B(t)), \\ B(t+1) = f_2(u_1(t), A(t), B(t)), \end{cases} \quad (4-9)$$

其中，

$$\begin{cases} f_1^1 = u_1(t) \wedge (A(t) \wedge B(t)), \\ f_1^2 = u_1(t) \wedge (A(t) \vee B(t)), \end{cases}$$

概率为 $P_r(f_1 = f_1^1) = 0.2$，$P_r(f_1 = f_1^2) = 0.8$，

$$\begin{cases} f_2^1 = A(t) \leftrightarrow B(t), \\ f_2^2 = A(t) \wedge B(t), \end{cases}$$

概率为 $P_r(f_2 = f_2^1) = 0.1$，$P_r(f_2 = f_2^2) = 0.9$. 控制 $u(t) = u_1(t)$ 是自由的布尔序列控制，即 $u(t)$ 从集合 Δ_2 中取值.

指标矩阵 $\boldsymbol{K}$ 以及取到每个网络的概率为

$$\boldsymbol{K} = \begin{bmatrix} 1 & 1 \\ 1 & 2 \\ 2 & 1 \\ 2 & 2 \end{bmatrix}, \begin{matrix} P_1 = 0.2 \times 0.1 = 0.02, \\ P_2 = 0.2 \times 0.9 = 0.18, \\ P_3 = 0.8 \times 0.1 = 0.08, \\ P_4 = 0.8 \times 0.9 = 0.72. \end{matrix}$$

令 $x(t) = A(t)B(t)$，则每个网络的状态转移矩阵可以计算如下：对于第一个网络，有

$$x(t+1) = M_c(I_2 \otimes M_c)(I_8 \otimes M_e)(I_2 \otimes \Phi_2)u(t)x(t)$$
$$= \delta_4[1, 4, 4, 3, 3, 4, 4, 3]u(t)x(t)$$
$$\triangleq L_1 u(t)x(t),$$

其中，M_c 和 M_e 分别为逻辑函数 $\wedge$ 和 $\vee$ 的结构矩阵. 类似地，L_2，L_3，L_4 可以计算如下：

$$L_2 = \delta_4[1, 4, 4, 4, 3, 4, 4, 4],$$

$$L_3 = \delta_4[1, 2, 2, 3, 3, 4, 4, 3],$$
$$L_4 = \delta_4[1, 2, 2, 4, 3, 4, 4, 4].$$

通过上式可以得出

$$\widetilde{L} = \sum_{i=1}^{4} P_i L_i W_{[4, 2]} = \begin{bmatrix} 1 & 0 & 0 & 0 & 0 & 0 & 0 & 0 \\ 0 & 0 & 0.8 & 0 & 0.8 & 0 & 0 & 0 \\ 0 & 1 & 0 & 0 & 0 & 0 & 0.1 & 0.1 \\ 0 & 0 & 0.2 & 1 & 0.2 & 1 & 0.9 & 0.9 \end{bmatrix}.$$

假设 $x(0) = \delta_4^1$, $x_d = \delta_4^4$, 通过计算我们有

$$Ex(1) = \widetilde{L} x(0)u(0) = \begin{bmatrix} 1 & 0 \\ 0 & 0 \\ 0 & 1 \\ 0 & 0 \end{bmatrix} u(0),$$

$$Ex(2) = \widetilde{L}^2 x(0)u(0)u(1) = \begin{bmatrix} 1 & 0 & 0 & 0 \\ 0 & 0 & 0.8 & 0 \\ 0 & 1 & 0 & 0 \\ 0 & 0 & 0.2 & 1 \end{bmatrix} u(0)u(1).$$

注意到 $x_d \in \mathrm{Col}_{\Delta_{2^n}}\{\widetilde{L}^2 x(0)\} = \{\delta_4^1, \delta_4^3, \delta_4^4\}$, 由定理 4.1, 得出 x_d 可以由 x_0 经过 2 步以概率 1 达到. 事实上, 令 $u(0) = \delta_2^2$, $u(1) = \delta_2^2$, x_d 以概率 1 可达.

例 4.2: 考虑如下的概率布尔控制网络:

$$\begin{cases} A(t+1) = f_1(u_1(t), u_2(t), A(t), B(t)), \\ B(t+1) = f_2(u_1(t), u_2(t), A(t), B(t)), \end{cases} \tag{4-10}$$

其中,

$$\begin{cases} f_1^1 = u_1(t) \wedge (A(t) \rightarrow B(t)), \\ f_1^2 = u_1(t) \wedge (A(t) \wedge B(t)), \end{cases}$$

概率为 $P_r(f_1 = f_1^1) = 0.2$，$P_r(f_1 = f_1^2) = 0.8$，

$$\begin{cases} f_2^1 = u_2(t) \leftrightarrow (A(t) \land B(t)), \\ f_2^2 = u_2(t) \leftrightarrow (A(t) \leftrightarrow B(t)), \end{cases}$$

概率为 $P_r(f_2 = f_2^1) = 0.1$，$P_r(f_2 = f_2^2) = 0.9$. 控制为布尔网络：

$$\begin{cases} u_1(t+1) = \neg u_1(t), \\ u_2(t+1) = \neg u_2(t). \end{cases}$$

类似于例子 4.1，我们有

$$L = \begin{bmatrix} 1 & 0 & 0 & 0.18 & 0 & 0 & 0.2 & 0.02 & 0 & 0 & 0 & 0 & 0 & 0 & 0 & 0 \\ 0 & 0 & 0.2 & 0.02 & 1 & 0 & 0 & 0.18 & 0 & 0 & 0 & 0 & 0 & 0 & 0 & 0 \\ 0 & 0 & 0 & 0.72 & 0 & 1 & 0.8 & 0.08 & 1 & 0 & 0 & 0.9 & 0 & 1 & 1 & 0.1 \\ 0 & 1 & 0.8 & 0.08 & 0 & 0 & 0 & 0.72 & 0 & 1 & 1 & 0.1 & 1 & 0 & 0 & 0.9 \end{bmatrix}.$$

通过计算，可得 $G = \delta_4[4, 3, 2, 1]$.

假设 $x_0 = \delta_4^2$，$x_d = \delta_4^3$，则有

$$x_d \in \text{Col}_{\Delta_{2^n}}\{LW_{[4,4]}x_0\} = \text{Col}_{\Delta_{2^n}}\{\Theta^G(1)W_{[4,4]}x_0\} = \{\delta_4^3, \delta_4^4\}.$$

由定理 4.3，x_d 可以由 x_0 经过 1 步以概率 1 达到.

接下来，我们计算从 $x_0 = \delta_4^2$ 出发的以概率 1 到达的可达集，其中，$u_0 = \delta_4^2$. 注意到 G 是非奇异的，我们可以找到 $l = 2 > 0$，使得 $G^l u_0 \equiv u_0$. 构造

$$\Psi := LGu(0)Lu(0),$$

则存在最小的正整数 $k = 15$，使得 $\Psi^{15}x_0 \equiv \Psi^{13}x_0$. 应用定理 4.4，所有的可达集为 $R_{u_0} = \bigcup\limits_{i=1}^{30} \text{Col}_{\Delta_{2^n}}\{\Theta^G(i)u_0x_0\} = \{\delta_4^3, \delta_4^4\}$.

例 4.3：考虑如下的概率布尔控制网络：

$$\begin{cases} A(t+1) = f_1(u_1(t), u_2(t), A(t), B(t)), \\ B(t+1) = f_2(u_1(t), u_2(t), A(t), B(t)), \end{cases} \tag{4-11}$$

其中:

$$\begin{cases} f_1^1 = (u_1(t) \wedge A(t)) \vee (A(t) \to B(t)), \\ f_1^2 = u_1(t) \wedge (A(t) \vee B(t)), \end{cases}$$

概率为 $P_r(f_1 = f_1^1) = 0.2$, $P_r(f_1 = f_1^2) = 0.8$,

$$\begin{cases} f_2^1 = \neg u_2(t) \wedge A(t), \\ f_2^2 = u_2(t) \wedge (A(t) \leftrightarrow B(t)), \end{cases}$$

概率为 $P_r(f_2 = f_2^1) = 0.1$, $P_r(f_2 = f_2^2) = 0.9$. 闭环控制如下:

$$\begin{cases} u_1(t) = A(t) \wedge B(t), \\ u_2(t) = A(t) \vee B(t). \end{cases}$$

类似于例子 4.1,我们有

$$\check{L} = \begin{bmatrix} 0.9 & 0 & 0 & 0 \\ 0.1 & 0 & 0.2 & 0.2 \\ 0 & 0 & 0 & 0 \\ 0 & 1 & 0.8 & 0.8 \end{bmatrix}.$$

假设 $x(0) = \delta_4^2$,则有 $\check{L}^7 x(0) = \check{L}^6 x(0)$. 由定理 4.5,可以得出从 $x_0 = \delta_4^2$ 出发的以概率 1 可达的可达集为 $R(x_0) = \delta_4^4$.

4.3　概率布尔网络的稳定与镇定问题

本节我们研究概率布尔网络的稳定与镇定问题.

4.3.1　主要结论

定义 4.2:考虑 4.1.2 节所介绍的概率布尔网络,如果存在一个状态

$X^* \in \mathcal{D}$，$X^* \sim x^* \in \Delta_{2^n}$，使得对于任意的初始状态有

$$P_r\{\lim_{t\to\infty} x(t, t_0, x_0) = x^*\} = 1,$$

则称该概率布尔网络以概率 1 全局稳定. 我们也称概率布尔网络以概率 1 全局稳定到 x^*.

定理 4.6：考虑 4.1.2 节所介绍的概率布尔网络，如果存在整数 k，使得 $\bar{L}^k$ 有相等的列 $\delta_{2^n}^i$，则称概率布尔网络以概率 1 全局稳定.

证明 通过计算，我们有

$$Ex(1) = \bar{L}\, Ex(0) = \bar{L}\, x(0),$$
$$Ex(2) = \bar{L}\, Ex(1) = \bar{L}^2 x(0),$$
$$\vdots$$
$$Ex(k) = \bar{L}^k x(0) = [\delta_{2^n}^i, \delta_{2^n}^i, \cdots, \delta_{2^n}^i] x(0).$$

由数学归纳法，可以得到

$$Ex(k+1) = \bar{L}\, Ex(k) = \bar{L}\, \bar{L}^k x(0) = \bar{L}^k \bar{L} x(0)$$
$$= [\delta_{2^n}^i, \delta_{2^n}^i, \cdots, \delta_{2^n}^i]\bar{L}\, x(0)$$
$$= [\delta_{2^n}^i, \delta_{2^n}^i, \cdots, \delta_{2^n}^i] x(0).$$

重复上述步骤可得，对 $t \geqslant k$，有 $Ex(t) \equiv [\delta_{2^n}^i, \delta_{2^n}^i, \cdots, \delta_{2^n}^i] x(0) = \delta_{2^n}^i$.

这意味着 $P_r\{\lim_{t\to\infty} x(t, t_0, x_0) = \delta_{2^n}^i\} = 1$. □

接下来，我们考虑概率布尔控制网络(4-1)的可镇定性.

定义 4.3：考虑概率布尔控制网络(4-1)，如果对任意的初始状态 $X_0 \in \mathcal{D}$，$X_0 \sim x_0$，存在控制 u，使得

$$P_r\{\lim_{t\to\infty} x(t, t_0, x_0, u) = x^*\} = 1,$$

则称概率布尔控制网络(4-1)以概率 1 全局镇定到 $X^* \in \mathcal{D}$，$X^* \sim x^* \in \Delta_{2^n}$.

本小节，我们考虑两类控制，即开环控制和闭环控制. 我们首先考虑开

环控制的情形,假设开环控制为常数控制.

定义矩阵 $\varGamma_k = L\big[(I_{2^m} \otimes L)\varPhi_m\big]^{k-1}$,其中 $k \in Z^+$,L 为系统(4-1)的状态转移矩阵. 注意到 $\varGamma_k$ 为 $2^n \times 2^{n+m}$ 的矩阵,我们将其分成 2^m 个维数相等的块

$$L\big[(I_{2^m} \otimes L)\varPhi_m\big]^{k-1} = [L_{k,1}, L_{k,2}, \cdots, L_{k,2^m}],$$

则有如下结论:

定理 4.7:考虑概率布尔控制网络(4-1),如果存在矩阵

$$L_{k,j}, \ 1 \leqslant j \leqslant 2^m, k \in Z^+,$$

$L_{k,j}$ 的每一列等于 $\delta_{2^n}^i$,则称概率布尔控制网络(4-1)全局镇定到 $\delta_{2^n}^i$,常数控制为 $u = \delta_{2^m}^j$.

证明　由矩阵的半张量积的性质,可以计算

$$Ex(1) = LuEx(0) = Lux(0),$$
$$Ex(2) = LuEx(1) = LuLux(0) = L(I_{2^m} \otimes L)\varPhi_m ux(0),$$
$$Ex(3) = LuEx(2) = LuLuLux(0)$$
$$= L(I_{2^m} \otimes L)\varPhi_m(I_{2^m} \otimes L)\varPhi_m ux(0)$$
$$= L\big[(I_{2^m} \otimes L)\varPhi_m\big]^2 ux(0).$$

应用数学归纳法,得出

$$Ex(k) = L\big[(I_{2^m} \otimes L)\varPhi_m\big]^{k-1} ux(0).$$

令 $u = \delta_{2^m}^j$,有

$$Ex(k) = L_{k,j}x(0) = [\delta_{2^n}^i, \delta_{2^n}^i, \cdots, \delta_{2^n}^i]x(0) = \delta_{2^n}^i.$$

通过计算,可得

$$Ex(k+1) = L\big[(I_{2^m} \otimes L)\varPhi_m\big]^k ux(0)$$

$$= L\left[(I_{2^m}\otimes L)\varPhi_m\right]^{k-1}(I_{2^m}\otimes L)\varPhi_m u x(0)$$

$$= [L_{k,1}, L_{k,2}, \cdots, L_{k,2^m}](I_{2^m}\otimes L)\varPhi_m u x(0)$$

$$= [L_{k,1}L, L_{k,2}L, \cdots, L_{k,2^m}L]\varPhi_m \delta_{2^m}^j x(0).$$

$L_{k,1}L, \cdots, L_{k,2^m}L$ 为 $2^n\times 2^{n+m}$ 的矩阵,将 $L_{k,1}L, \cdots, L_{k,2^m}L$ 分为 2^m 个维数相等的块如下 $L_{k,1}L = [L_{k,1,1}, \cdots, L_{k,1,2^m}]$, $\cdots$, $L_{k,2^m}L = [L_{k,2^m,1}, \cdots, L_{k,2^m,2^m}]$. 我们可以注意到 $L_{k,j}L$ 的列是等于 $L_{k,j}$ 的列的,即 $\delta_{2^n}^i$. 故我们可以重新将上述等式写为

$$[L_{k,1}L, L_{k,2}L, \cdots, L_{k,2^m}L]\varPhi_m \delta_{2^m}^j x(0)$$

$$= [L_{k,1}L, L_{k,2}L, \cdots, L_{k,2^m}L]\text{Col}_j\{\varPhi_m\}x(0)$$

$$= [L_{k,1}L, L_{k,2}L, \cdots, L_{k,2^m}L](\text{Col}_j\{\varPhi_m\}\otimes I_{2^n})x(0)$$

$$= L_{k,j,j}x(0) = L_{k,j}x(0) = [\delta_{2^n}^i, \delta_{2^n}^i, \cdots, \delta_{2^n}^i]x(0),$$

其中 $\text{Col}_j\{\varPhi_m\}$ 为 $\varPhi_m$ 的第 j 列.

重复上述步骤,可以得到,对 $t\geqslant k$,有 $Ex(t) = [\delta_{2^n}^i, \delta_{2^n}^i, \cdots, \delta_{2^n}^i]x(0) = \delta_{2^n}^i$.

这意味着

$$P_r\{\lim_{t\to\infty} x(t, t_0, x_0, u) = \delta_{2^n}^i\} = 1. \qquad\qquad \square$$

最后,我们考虑控制为闭环控制的情况. 应用矩阵的半张量积的性质,通常可将其表示为

$$u(t) = Hx(t), \qquad\qquad\qquad (4-12)$$

其中 $H\in\mathcal{L}_{2^m\times 2^n}$,则可以得到 $x(t+1) = L_i u(t)x(t) = L_i H x^2(t) = L_i H\varPhi_n x(t)$. 因此 $x(t+1)$ 的期望满足

$$Ex(t+1) = \sum_{i=1}^N P_i L_i H\varPhi_n Ex(t) \triangleq \check{L}Ex(t).$$

类似于定理 4.7 的证明:

定理 4.8: 具有闭环控制(4 - 12)的概率布尔控制网络(4 - 1)全局镇定到 $x^* = \delta_{2^n}^i$, 当且仅当存在整数 k 使得 $\tilde{L}^k$ 的列等于 $\delta_{2^n}^i$.

4.3.2 数值例子

例 4.4: 考虑如下的概率布尔控制网络:

$$\begin{cases} A(t+1) = f_1(u(t), A(t), B(t)), \\ B(t+1) = f_2(u(t), A(t), B(t)), \end{cases} \tag{4 - 13}$$

其中:

$$\begin{cases} f_1^1 = u(t) \wedge (A(t) \wedge B(t)), \\ f_1^2 = u(t) \wedge (A(t) \vee B(t)), \end{cases}$$

$$P_r(f_1 = f_1^1) = 0.5, \ P_r(f_1 = f_1^2) = 0.5,$$

$$f_2 = u(t) \wedge (A(t) \rightarrow B(t)),$$

$u \in \Delta_2$ 是常数控制.

指标矩阵 K 以及每一个可能的网络的概率为

$$K = \begin{bmatrix} 1 & 1 \\ 2 & 1 \end{bmatrix}, \ \begin{matrix} P_1 = 0.5 \times 1 = 0.5, \\ P_2 = 0.5 \times 1 = 0.5. \end{matrix}$$

令 $x(t) = A(t)B(t)$, 对于第一个网络, 其状态转移矩阵可以计算如下

$$x(t+1) = A(t+1)B(t+1) = M_c u(t)M_c x(t)M_c u(t)M_i x(t)$$

$$= M_c(I_2 \otimes M_c)(I_8 \otimes M_c)(I_{16} \otimes M_i)\Phi_3 u(t)x(t)$$

$$= \delta_4[1, 4, 3, 3, 4, 4, 4, 4]u(t)x(t) \triangleq L_1 u(t)x(t).$$

类似地, 可以计算

$$L_2 = M_c(I_2 \otimes M_d)(I_8 \otimes M_c)(I_{16} \otimes M_i)\Phi_3$$

$$= \delta_4[1, 2, 1, 3, 4, 4, 4, 4].$$

从上式可以得出

$$L = \sum_{i=1}^{2} p_i L_i = \begin{bmatrix} 1 & 0 & 0.5 & 0 & 0 & 0 & 0 & 0 \\ 0 & 0.5 & 0 & 0 & 0 & 0 & 0 & 0 \\ 0 & 0 & 0.5 & 1 & 0 & 0 & 0 & 0 \\ 0 & 0.5 & 0 & 0 & 1 & 1 & 1 & 1 \end{bmatrix},$$

则 $x(t+1)$ 的期望为

$$Ex(t+1) = Lu(t)Ex(t). \tag{4-14}$$

将 L 分成两个维数相等的块,由定理 4.7 可以得出,令 $u \equiv \delta_2^2$,系统 (4-13) 以概率 1 全局镇定到 $[0, 0, 0, 1]^T$(转化为二进制的形式即为 $A_1 = 0, A_2 = 0$).

例 4.5: 考虑如下的概率布尔控制网络:

$$\begin{cases} A(t+1) = f_1(u_1(t), u_2(t), A(t), B(t)), \\ B(t+1) = f_2(u_1(t), u_2(t), A(t), B(t)), \end{cases} \tag{4-15}$$

其中:

$$\begin{cases} f_1^1 = u_1(t) \wedge (A(t) \wedge B(t)), \\ f_1^2 = u_1(t) \wedge (\neg A(t) \vee B(t)), \end{cases}$$

$P_r(f_1 = f_1^1) = 0.3$, $P_r(f_1 = f_1^2) = 0.7$,并且

$$\begin{cases} f_2^1 = (u_2(t) \rightarrow (A(t) \wedge B(t))) \wedge ((A(t) \wedge B(t)) \rightarrow u_2(t)), \\ f_2^2 = u_2(t) \leftrightarrow ((A(t) \wedge B(t)) \vee ((\neg A(t)) \wedge (\neg B(t)))), \end{cases}$$

其中 $P_r(f_2 = f_2^1) = 0.2$, $P_r(f_2 = f_2^2) = 0.8$. 控制为布尔网络:

$$\begin{cases} u_1(t) = A(t), \\ u_2(t) = \neg B(t). \end{cases}$$

指标矩阵 K 以及取到每一个网络的概率为

$$K = \begin{bmatrix} 1 & 1 \\ 1 & 2 \\ 2 & 1 \\ 2 & 2 \end{bmatrix}, \quad \begin{aligned} & P_1 = 0.3 \times 0.2 = 0.06, \\ & P_2 = 0.3 \times 0.8 = 0.24, \\ & P_3 = 0.7 \times 0.2 = 0.14, \\ & P_4 = 0.7 \times 0.8 = 0.56. \end{aligned}$$

令 $x(t) = A(t)B(t)$，$u(t) = u_1(t)u_2(t)$，每一个网络的状态转移矩阵可以计算如下. 对于第一个网络

$$x(t+1) = A(t+1)B(t+1)$$
$$= \delta_4[1, 4, 4, 4, 2, 3, 3, 3, 3, 4, 4, 4, 4, 3, 3, 3]u(t)x(t)$$
$$\triangleq L_1 u(t)x(t).$$

类似地，L_2，L_3，L_4 为

$$L_2 = \delta_4[1, 4, 4, 3, 2, 3, 3, 4, 3, 4, 4, 3, 4, 3, 3, 4],$$
$$L_3 = \delta_4[1, 4, 2, 2, 2, 3, 1, 1, 3, 4, 4, 4, 4, 3, 3, 3],$$
$$L_4 = \delta_4[1, 4, 2, 1, 2, 3, 1, 2, 3, 4, 4, 3, 4, 3, 3, 4].$$

通过计算有 $H = \delta_4[2, 1, 4, 3]$，则 $x(t+1)$ 的期望为

$$Ex(t+1) = \sum_{i=1}^{N} P_i L_i H \Phi_n Ex(t) = \begin{bmatrix} 0 & 0 & 0 & 0 \\ 1 & 0 & 0 & 0 \\ 0 & 0 & 1 & 0.8 \\ 0 & 1 & 0 & 0.2 \end{bmatrix} Ex(t)$$

$$\triangleq \check{L} Ex(t). \tag{4-16}$$

注意到 $\check{L}^9 \equiv [\delta_4^3, \delta_4^3, \delta_4^3, \delta_4^3]$，由定理 4.8 有，系统 (4-15)，或等价的系统 (4-16) 全局镇定到 δ_4^3 (以二进制形式即为 $A_1 = 0$，$A_2 = 1$).

本章部分结果来源于在学期间文献 [7] 和 [9].

第 5 章

具有脉冲效应的布尔网络的
稳定性以及可观性

本章将研究具有脉冲效应的布尔网络的稳定、镇定以及可观性,共分三节.5.1 节为预备知识,引入具有脉冲效应的布尔网络,并应用矩阵的半张量积的性质将其转化为离散脉冲系统.5.2 节给出具有脉冲效应的布尔网络的稳定、镇定的充分必要条件.5.3 节得到其可观性的充分必要条件.

5.1 预 备 知 识

考虑具有布尔变量 A_1, A_2, $\cdots$, A_n 的布尔网络(2-1),布尔变量 A_1, A_2, $\cdots$, A_n 代表基因或者其他的分子,可以参见用布尔网络来描述细胞的增长、分裂、凋亡的文献[122]以及超基因模型[123]. 但是我们注意到,现实世界中,很多系统特别是生物系统可能在某些时刻经历一些状态的突变,这种突变可能是由于环境的变化等引起的. 这些状态的突变通常都是瞬间发生的,并且持续的时间很短,一般我们假设其以脉冲的形式发生. 布尔网络在系统生物学中具有广泛的应用,它也可能在某些时刻由于环境等的变化产生状态的突变. 正是基于这样的考虑, 本章我们考虑如下情况的布尔网络: 布尔网络(2-1)的变量 A_i, $i = 1, 2, \cdots, n$, 在时刻 t_k 经历状态的突变, 其中 $\{t_k\} \subseteq Z^+$, $0 = t_0 < t_1 < t_2 < \cdots < t_k < \cdots$, $k \in Z^+$. 逻辑函数 $g_i(A_i(t_k))$ 转变为 $g_i(A_1(t_k - 1), A_2(t_k - 1), \cdots, A_n(t_k - 1))$. 描述上述情况的布尔网络可以表述如下:

$$\begin{cases} A_i(t+1) = f_i(A_1(t), A_2(t), \cdots, A_n(t)), \ t_{k-1} \leqslant t < t_k - 1, \\ A_i(t_k) = g_i(A_1(t_k - 1), A_2(t_k - 1), \cdots, A_n(t_k - 1)), \ k \in Z^+, \\ \qquad i = 1, 2, \cdots, n. \end{cases}$$

$$(5-1)$$

应用矩阵的半张量积的性质, 定义 $x(t) = \ltimes_{i=1}^n A_i(t)$, 其中 $\ltimes_{i=1}^n : \Delta \to \Delta_{2^n}$ 为双射. 对于每一个逻辑函数 f_i, g_i, 分别找到其结构矩阵 M_{1i}, M_{2i}, 应用定理 1.2 有

$$A_i(t+1) = M_{1i} A_1(t) \cdots A_n(t) = M_{1i} x(t), \ t_{k-1} \leqslant t < t_k - 1,$$

$$(5-2)$$

$$A_i(t_k) = M_{2i} A_1(t_k - 1) \cdots A_n(t_k - 1) = M_{2i} x(t_k - 1),$$

$$i = 1, 2, \cdots, n. \qquad (5-3)$$

对 $t_{k-1} \leqslant t < t_k - 1$, 将(5-2),(5-3)的左右两边分别相乘得到

$$\begin{aligned} x(t+1) &= M_{11} x(t) M_{12} x(t) M_{13} x(t) \cdots M_{1n} x(t) \\ &= M_{11} (I_{2^n} \otimes M_{12}) \Phi_n x(t) M_{13} x(t) \cdots M_{1n} x(t) \\ &= \cdots \\ &= M_{11} (I_{2^n} \otimes M_{12}) \Phi_n (I_{2^n} \otimes M_{13}) \Phi_n \cdots (I_{2^n} \otimes M_{1n}) \Phi_n x(t) \\ &\triangleq L_1 x(t). \end{aligned}$$

当 $t = t_k$,

$$x(t_k) = M_{21}x(t_k-1)M_{22}x(t_k-1)\cdots M_{2n}x(t_k-1)$$
$$= M_{21}(I_{2^n} \otimes M_{22})\Phi_n x(t_k-1)\cdots M_{2n}x(t_k-1)$$
$$= \cdots$$
$$= M_{21}(I_{2^n} \otimes M_{22})\Phi_n(I_{2^n} \otimes M_{23})\Phi_n\cdots(I_{2^n} \otimes M_{2n})\Phi_n x(t_k-1)$$
$$\triangleq L_2 x(t_k-1).$$

通过上述步骤可以将系统(5-1)转化为

$$\begin{cases} x(t+1) = L_1 x(t), \; t_{k-1} \leqslant t < t_k - 1, \\ x(t_k) = L_2 x(t_k-1), \; k \in Z^+, \end{cases} \tag{5-4}$$

其中 $L_1 = M_{11}\prod_{j=2}^{n}\left[(I_{2^n} \otimes M_{1j})\Phi_n\right]$, $L_2 = M_{21}\prod_{j=2}^{n}\left[(I_{2^n} \otimes M_{2j})\Phi_n\right]$, $\Phi_n = \prod_{i=1}^{n}I_{2^{i-1}} \otimes \left[(I_2 \otimes W_{[2,\,2^{n-i}]})M_r\right]$.

5.2 具有脉冲效应的布尔网络的稳定与镇定问题

本节我们考虑具有脉冲效应的布尔网络的稳定及镇定问题,并给出充分必要条件.

5.2.1 具有脉冲效应的布尔网络的稳定性

首先考虑具有脉冲效应的布尔网络的稳定性.

令 $X = (A_1, \cdots, A_n)^{\mathrm{T}}$, $F = (f_1, \cdots, f_n)^{\mathrm{T}}$, $G = (g_1, \cdots, g_n)^{\mathrm{T}}$, (5-1)可以简单地表述如下:

$$\begin{cases} X(t+1) = F(X(t)), \; t_{k-1} \leqslant t < t_k - 1, \\ X(t_k) = G(X(t_k-1)), \; k \in Z^+. \end{cases}$$

如果对任意的初始状态 $X_0 \in \mathcal{D}^n$，有

$$\lim_{t \to \infty} X(t, t_0, X_0) = X^*,$$

则系统(5-1)称为全局稳定到状态 $X^* \in \mathcal{D}^n$．以向量的形式可以将上述定义如下：

定义 5.1：如果对于任意的初始状态 $x_0 \in \Delta_{2^n} \sim X_0 \in \mathcal{D}^n$，有

$$\lim_{t \to \infty} x(t, t_0, x_0) = x^*,$$

则称系统(5-1)，等价地为系统(5-4)，全局稳定到状态 $x^* \in \Delta_{2^n} \sim X^* \in \mathcal{D}^n$．

定理 5.1：系统(5-1)，或等价的系统(5-4)，全局稳定到 $\delta_{2^n}^i$，$i \in \{1, 2, \cdots, 2^n\}$，当且仅当存在时间 k，使得矩阵 $\check{L}_k$

$$\check{L}_k = \begin{cases} L_1^j L_2 L_1^{t_{k-1}-t_{k-2}-1} \cdots L_2 L_1^{t_2-t_1-1} L_2 L_1^{t_1-1}, & \text{对 } k = t_{k-1}+j, \\ & 1 \leqslant j \leqslant t_k - t_{k-1} - 1, \\ L_2 L_1^{t_k-t_{k-1}-1} L_2 L_1^{t_{k-1}-t_{k-2}-1} \cdots L_2 L_1^{t_2-t_1-1} L_2 L_1^{t_1-1}, & \text{对 } k = t_k, \end{cases}$$

$$(5-5)$$

具有相同的列 $\delta_{2^n}^i$，并且矩阵 L_1 和 L_2 的第 i 列为 $\delta_{2^n}^i$．

证明　充分性：通过计算有

$$x(1) = L_1 x(0),$$
$$x(2) = L_1 x(1) = L_1^2 x(0),$$
$$\vdots$$
$$x(t_1 - 1) = L_1 x(t_1 - 2) = L_1^{t_1-1} x(0),$$
$$x(t_1) = L_2 x(t_1 - 1) = L_2 L_1^{t_1-1} x(0),$$
$$x(t_1 + 1) = L_1 x(t_1) = L_1 L_2 L_1^{t_1-1} x(0),$$
$$\vdots$$
$$x(t_2 - 1) = L_1 x(t_2 - 2) = L_1^{t_2-t_1-1} L_2 L_1^{t_1-1} x(0),$$
$$x(t_2) = L_2 x(t_2 - 1) = L_2 L_1^{t_2-t_1-1} L_2 L_1^{t_1-1} x(0).$$

应用数学归纳法可以证明 $x(k) = \check{L}_k x(0)$.

(i) 如果 $k = t_k + j$, $1 \leqslant j \leqslant t_k - t_{k-1} - 2$, 注意到矩阵 L_1 的第 i 列为 $\delta_{2^n}^i$, 则对于任意的初始状态 $x(0)$ 有

$$x(k+1) = L_1 \check{L}_k x(0) = L_1 [\delta_{2^n}^i, \cdots, \delta_{2^n}^i] x(0)$$
$$= L_1 \delta_{2^n}^i = \mathrm{Col}_i(L_1) = \delta_{2^n}^i.$$

重复上述步骤, 对 $t \geqslant k$, 有 $x(t) \equiv \delta_{2^n}^i$.

(ii) 类似地, 对于 $k = t_k + j$, $j = t_k - t_{k-1} - 1$ 以及 $k = t_k$ 有

$$x(t) \equiv \delta_{2^n}^i, \ t \geqslant k.$$

从上式可以得出

$$\lim_{t \to \infty} x(t) = \delta_{2^n}^i. \tag{5-6}$$

必要性: (反证) 假设不存在时间 k 满足 (5-5) 或者矩阵 L_1 或 L_2 的第 i 列不等于 $\delta_{2^n}^i$.

(a) 假设不存在时间 k 满足 (5-5), 我们总可以找到初始状态 x_0 使得 (5-6) 不成立.

(b) 假设矩阵 L_1 或 L_2 的第 i 列不等于 $\delta_{2^n}^i$. 不失一般性, 我们假设矩阵 L_1 的第 i 列不等于 $\delta_{2^n}^i$. 由 (a), 我们假设存在时间 k, 使得

$$x(k) = [\delta_{2^n}^i, \cdots, \delta_{2^n}^i] x(0).$$

不失一般性, 假设 $k = t_k + j$, $1 \leqslant j \leqslant t_k - t_{k-1} - 2$, 则可以得出

$$x(k+1) = L_1 [\delta_{2^n}^i, \cdots, \delta_{2^n}^i] x(0) = L_1 \delta_{2^n}^i = \mathrm{Col}_i(L_1) \neq \delta_{2^n}^i.$$

从上述不等式可以看出如果 L_1 的第 i 列不等于 $\delta_{2^n}^i$, 那么对于任意的时间 T, $x(T) = [\delta_{2^n}^i, \cdots, \delta_{2^n}^i] x(0)$, 我们总可以找到时间 $t > T$, 使得

$$x(t) \neq \delta_{2^n}^i,$$

即(5-6)不成立. □

5.2.2　具有脉冲效应的布尔网络的镇定问题

本小节考虑具有脉冲效应的布尔网络的镇定问题.

考虑如下的具有脉冲效应的布尔控制网络:

$$
\begin{cases}
A_i(t+1) = f_i(u_1(t), \cdots, u_m(t), A_1(t), A_2(t), \cdots, A_n(t)), \\
\qquad t_{k-1} \leqslant t < t_k - 1, \\
A_i(t_k) = g_i(A_1(t_k - 1), A_2(t_k - 1), \cdots, A_n(t_k - 1)), k \in Z^+, \\
\qquad i = 1, 2, \cdots, n,
\end{cases}
$$

$$(5-7)$$

其中 $u_i \in \Delta_2$ 是控制(或输入).

令 $x(t) = \ltimes_{i=1}^n A_i(t)$, $u(t) = \ltimes_{i=1}^m u_i(t)$, 可以将(5-7)转化为

$$
\begin{cases}
x(t+1) = \bar{L}_1 u(t) x(t), t_{k-1} \leqslant t < t_k - 1, \\
x(t_k) = \bar{L}_2 x(t_k - 1), k \in Z^+,
\end{cases}
$$
$$(5-8)$$

其中, $\bar{L}_1 = \bar{M}_{11} \prod_{j=2}^n [(I_{2^{m+n}} \otimes \bar{M}_{1j}) \Phi_{m+n}]$, $\bar{L}_2 = \bar{M}_{21} \prod_{j=2}^n [(I_{2^n} \otimes \bar{M}_{2j}) \Phi_n]$,

$\Phi_k = \prod_{i=1}^k I_{2^{i-1}} \otimes [(I_2 \otimes W_{[2, 2^{k-i}]}) M_r]$, $\bar{M}_{1j}$, $\bar{M}_{2j}$ 分别为逻辑函数 f_j 和 g_j 的结构矩阵.

本文我们考虑两类控制.

(Ⅰ)闭环控制.应用矩阵的半张量积的性质,可以将闭环控制表示为

$$u(t) = Hx(t),$$
$$(5-9)$$

其中 H 为状态转移矩阵.

将(5-9)代入(5-8)得到

$$\begin{cases} x(t+1) = \widetilde{L}_1 x(t), & t_{k-1} \leqslant t < t_k - 1, \\ x(t_k) = \bar{L}_2 x(t_k - 1), & k \in Z^+, \end{cases} \quad (5-10)$$

其中 $\widetilde{L}_1 = \bar{L}_1 H \Phi_n$.

类似于定理 5.1 的证明有：

定理 5.2：具有闭环控制 $(5-9)$ 的系统 $(5-7)$，即系统 $(5-10)$，全局镇定到 $\delta_{2^n}^i$，$i \in \{1, 2, \cdots, 2^n\}$，当且仅当存在时间 k 使得矩阵 $\bar{L}_k$，

$$\bar{L}_k = \begin{cases} \widetilde{L}_1^j \bar{L}_2 \widetilde{L}_1^{t_{k-1}-t_{k-2}-1} \cdots \bar{L}_2 \widetilde{L}_1^{t_2-t_1-1} \bar{L}_2 \widetilde{L}_1^{t_1-1}, & k = t_{k-1}+j, \\ & 1 \leqslant j \leqslant t_k - t_{k-1} - 1, \\ \bar{L}_2 \widetilde{L}_1^{t_k-t_{k-1}-1} \bar{L}_2 \widetilde{L}_1^{t_{k-1}-t_{k-2}-1} \cdots \bar{L}_2 \widetilde{L}_1^{t_2-t_1-1} \bar{L}_2 \widetilde{L}_1^{t_1-1}, & k = t_k, \end{cases}$$

有相同的列 $\delta_{2^n}^i$，并且 $\widetilde{L}_1$ 和 $\bar{L}_2$ 的第 i 列等于 $\delta_{2^n}^i$.

最后我们给出控制为开环控制的具有脉冲效应的布尔网络的镇定性.

（II）控制为自由的布尔变量序列的开环控制. 令 $u(t) = \ltimes_{j=1}^m u_j(t)$，$u_j \in \Delta_2$.

对于系统 $(5-7)$，假设 $u(t) = \delta_{2^m}^i$，通过计算可以得到

$$x(1) = \bar{L}_1 u(0) x(0) = \bar{L}_1 \delta_{2^m}^{i_0} x(0) = \bar{L}_{1, i_0} x(0),$$

$$x(2) = \bar{L}_1 u(1) x(1) = \bar{L}_1 \delta_{2^m}^{i_1} x(1) = \bar{L}_{1, i_1} x(1) = \bar{L}_{1, i_1} \bar{L}_{1, i_0} x(0),$$

$$\vdots$$

$$x(t_1 - 1) = \bar{L}_1 u(t_1 - 2) x(t_1 - 2) = \bar{L}_{1, i_{t_1-2}} \cdots \bar{L}_{1, i_0} x(0),$$

$$x(t_1) = \bar{L}_2 \bar{L}_1 u(t_1 - 2) x(t_1 - 2) = \bar{L}_2 \bar{L}_{1, i_{t_1-2}} \cdots \bar{L}_{1, i_0} x(0).$$

应用数学归纳法，类似于定理 5.1 的证明有：

定理 5.3：具有自由的布尔变量序列控制的系统 $(5-1)$ 全局镇定到 $\delta_{2^n}^i$，$i \in \{1, 2, \cdots, 2^n\}$，当且仅当存在时间 k 和矩阵 $\bar{L}_{1, i_t}$，使得矩阵 $\check{L}_k$

$$\check{L}_k = \begin{cases} \bar{L}_{1,i_{t_{k-1}+j-1}} \cdots \bar{L}_{1,i_{t_{k-1}}} \ \bar{L}_2 \bar{L}_{1,i_{t_{k-1}-2}} \cdots \bar{L}_{1,i_{t_{k-2}}} \cdots \bar{L}_2 \bar{L}_{1,i_{t_1-2}} \cdots \bar{L}_{1,i_0}, \\ \qquad k = t_{k-1}+j, \qquad 1 \leqslant j \leqslant t_k - t_{k-1} - 1, \\ \bar{L}_2 \bar{L}_{1,i_{t_{k-2}}} \cdots \bar{L}_{1,i_{t_{k-1}}} \ \bar{L}_2 \bar{L}_{1,i_{t_{k-1}-2}} \cdots \bar{L}_{1,i_{t_{k-2}}} \cdots \bar{L}_2 \bar{L}_{1,i_{t_1-2}} \cdots \bar{L}_{1,i_0}, \quad k = t_k, \end{cases}$$

有相同的列 $\delta_{2^n}^i$,并存在 j 使得 $\bar{L}_{1,j}$,$\bar{L}_2$ 的第 i 列等于 $\delta_{2^n}^i$. 进一步的,我们可以给出其控制策略,当 $t < k$ 时,$u(t) = \delta_{2^m}^i$;当 $t \geqslant k$ 时 $u(t) = \delta_{2^m}^j$.

5.2.3 数值例子

例 5.1:考虑如下的具有脉冲效应的布尔网络:

$$\begin{cases} A(t+1) = A(t) \wedge (A(t) \to B(t)), \\ B(t+1) = \neg B(t) \leftrightarrow (A(t) \leftrightarrow B(t)), \quad t_{k-1} \leqslant t < t_k - 1, \\ A(t_k) = A(t_k - 1) \wedge B(t_k - 1), \\ B(t_k) = A(t_k - 1) \vee B(t_k - 1), \quad t_k = 4, 8, 12, \cdots, k \in Z^+. \end{cases}$$

$$(5\text{-}11)$$

记 $x(t) = A_1(t)B_1(t)$,对 $t_k \leqslant t < t_k - 1$,我们有

$$\begin{aligned} x(t+1) &= A(t+1)B(t+1) \\ &= M_c(I_2 \otimes M_i)\Phi_1(I_4 \otimes M_e M_n)(I_2 \otimes \Phi_1)(I_4 \otimes M_e)\Phi_2 x(t) \\ &= \delta_4[2, 4, 3, 3]x(t) \triangleq L_1 x(t). \end{aligned}$$

同样地,对 $t = t_k$,有

$$\begin{aligned} x(t_k) &= A(t_k)B(t_k) = M_c(I_4 \otimes M_d)\Phi_2 x(t_k - 1) \\ &= \delta_4[1, 3, 3, 4]x(t_k - 1) \triangleq L_2 x(t_k - 1). \end{aligned}$$

可以将(5-11)转化为

$$\begin{cases} x(t+1) = L_1 x(t), \quad t_{k-1} \leqslant t < t_k - 1, \\ x(t_k) = L_2 x(t_k - 1), \quad t_k = 4, 8, 12, \cdots, \end{cases} \qquad (5\text{-}12)$$

其中 $L_1 = \delta_4[2, 4, 3, 3]$，$L_2 = \delta_4[1, 3, 3, 4]$. 通过计算有

$$\check{L}_3 = L_1^3 = \delta_4[3, 3, 3, 3].$$

注意到 L_1 和 L_2 的第 3 列等于 δ_4^3，由定理 5.1，系统(5-11)，或等价的系统 (5-12)全局稳定到 δ_4^3.

例 5.2：考虑如下的具有脉冲效应的布尔网络：

$$\begin{cases} A(t+1) = (u_1(t) \wedge A(t)) \vee (A(t) \rightarrow B(t)), \\ B(t+1) = u_2(t) \wedge (A(t) \leftrightarrow B(t)), \quad t_{k-1} \leqslant t < t_k - 1, \\ A(t_k) = A(t_k - 1) \vee B(t_k - 1), \\ B(t_k) = A(t_k - 1) \wedge B(t_k - 1), \quad t_k = 3, 6, 9, \cdots. \end{cases} \quad (5-13)$$

（I）首先考虑其控制为闭环控制

$$\begin{cases} u_1(t) = A(t), \\ u_2(t) = \neg B(t). \end{cases} \quad (5-14)$$

令 $x(t) = A_1(t)B_1(t)$，可以将(5-13)转化为

$$\begin{cases} x(t+1) = \bar{L}_1 u(t)x(t), \quad t_{k-1} \leqslant t < t_k - 1, \\ x(t_k) = \bar{L}_2 x(t_k - 1), \quad t_k = 3, 6, 9, \cdots, \end{cases} \quad (5-15)$$

其中 $\bar{L}_1 = \delta_4[1, 2, 2, 1, 2, 2, 2, 2, 1, 4, 2, 1, 2, 4, 2, 2]$，$\bar{L}_2 = \delta_4[1, 2, 2, 4]$.

令 $u(t) = u_1(t)u_2(t)$，可以将(5-14)转化为

$$u(t) = Hx(t), \quad (5-16)$$

其中 $H = \delta_4[2, 1, 4, 3]$. 将(5-16)代入(5-15)有

$$\begin{cases} x(t+1) = \tilde{L}_1 x(t), \text{ 对 } t_{k-1} \leqslant t < t_k - 1, \\ x(t_k) = \bar{L}_2 x(t_k - 1), \quad t_k = 3, 6, 9, \cdots, \end{cases} \quad (5-17)$$

其中 $\tilde{L}_1 = L_1 H \Phi_2 = \delta_4[2, 2, 2, 1]$.

通过计算有 $\tilde{L}_2 = \tilde{L}_1^2 = \delta_4[2, 2, 2, 2]$, 并且 $\tilde{L}_1$ 和 $\tilde{L}_2$ 的第 2 列为 δ_4^2. 由定理 5.2 有, 具有闭环控制 (5 - 14) 的系统 (5 - 13), 或等价的系统 (5 - 17), 全局镇定到 δ_4^2.

(II) 考虑控制恒为 $u \equiv \delta_4^3$ 的系统 (5 - 13), 有

$$x(1) = \bar{L}_1 u(0) x(0) = \bar{L}_{1, 3} x(0) = [1, 4, 2, 1] x(0),$$

$$x(2) = \bar{L}_1 u(1) x(1) = \bar{L}_{1, 3} x(1) = [1, 1, 4, 1] x(0),$$

$$x(3) = \bar{L}_2 x(2) = [1, 1, 4, 1] x(0),$$

$$x(4) = \bar{L}_1 u(3) x(3) = [1, 1, 1, 1] x(0).$$

注意到 $\bar{L}_{1, 3}$ 和 $\bar{L}_2$ 的第 1 列为 δ_4^1, 由定理 5.3 可得, 系统 (5 - 13) 全局镇定到 δ_4^1.

5.3　具有脉冲效应的布尔网络的可观性

本节我们考虑具有脉冲效应的布尔网络的可观性.

5.3.1　主要结论

本节将考虑具有 n 个布尔变量, 单输入的具有脉冲效应的布尔网络:

$$\begin{cases} A_i(t+1) = f_i(A_1(t), A_2(t), \cdots, A_n(t), u(t)), \ t_{k-1} \leqslant t < t_k - 1, \\ A_i(t_k) = g_i(A_1(t_k-1), A_2(t_k-1), \cdots, A_n(t_k-1)), \ k \in Z^+, \\ \qquad i = 1, 2, \cdots, n, \end{cases}$$

$$(5 - 18)$$

$$y_j(t) = h_j(A_1(t), \cdots, A_n(t)), \ j = 1, 2, \cdots, p, \qquad (5 - 19)$$

其中控制 $u(t)$ 在 δ_2^1 和 δ_2^2 中取值; y_j 为输出; $h_j, \ j = 1, 2, \cdots, p$ 为逻辑

函数.

我们可以将(5-18),(5-19)转化为

$$\begin{cases} x(t+1) = L_1 x(t)u(t), \ t_{k-1} \leqslant t < t_k - 1, \\ x(t_k) = L_2 x(t_k - 1), \ k \in Z^+, \end{cases} \tag{5-20}$$

$$y(t) = Hx(t),$$

其中

$$L_1 = M_{11}(I_{2^{n+1}} \bigotimes M_{12})\Phi_{n+1}(I_{2^{n+1}} \bigotimes M_{13})\Phi_{n+1} \cdots (I_{2^{n+1}} \bigotimes M_{1n})\Phi_{n+1},$$

$$L_2 = M_{21}(I_{2^n} \bigotimes M_{22})\Phi_n(I_{2^n} \bigotimes M_{23})\Phi_n \cdots (I_{2^n} \bigotimes M_{2n})\Phi_n,$$

$$H = M_{31}(I_{2^n} \bigotimes M_{32})\Phi_n(I_{2^n} \bigotimes M_{33})\Phi_n \cdots (I_{2^n} \bigotimes M_{3p})\Phi_n.$$

定义 5.2：如果对初始状态 $x(0) \in \Delta_{2^n}$，存在有限时间 s 使得初始状态可以由输出唯一决定，则称布尔网络(5-18),(5-19)是可观测的.

我们也可以给出布尔网络可观性的一个等价定义[39].

定义 5.3：考虑布尔网络(5-18),(5-19).

(1) 如果存在控制序列 $\{u(0), u(1), \cdots, u(s)\}$，其中 $s > 0$，使得输出

$$Y^1(s+1) = y^{s+1}(u(s), \cdots, u(0), x_1^0) \neq Y^2(s+1)$$
$$= y^{s+1}(u(s), \cdots, u(0), x_2^0),$$

则称 X_1^0 与 X_2^0 为可分辨的.

(2) 如果对布尔网络(5-18),(5-19)的任意的两个初始状态 X_1^0 和 X_2^0，它们为可分辨的，则称该系统为可观测的.

注释 5.1：由布尔网络的特性，我们可以发现定义 5.2 与定义 5.3 为等价的.

定义矩阵

$$\Gamma_j = HL_1^j W_{[2^j, 2^n]}, \quad j = 1, 2, \cdots, t_1 - 1;$$

$$\Gamma_{t_k+j} = HL_1^j L_2 L_1^{t_k-t_{k-1}-1} \cdots L_2 L_1^{t_2-t_1-1} L_2 L_1^{t_1-1} W_{[2^{(t_1-1)+(t_2-t_1-1)+\cdots+(t_k-t_{k-1}-1)+j}, 2^n]},$$

$k = 1, 2, \cdots, j$ 为正整数,并且满足 $\quad 1 \leqslant j \leqslant t_k - t_{k-1} - 1;$

$$\Gamma_{t_k} = HL_2 L_1^{t_k-t_{k-1}-1} \cdots L_2 L_1^{t_2-t_1-1} L_2 L_1^{t_1-1} W_{[2(t_1-1)+(t_2-t_1-1)+\cdots+(t_k-t_{k-1}-1), 2^n]},$$

$\quad k = 1, 2, \cdots.$

将 Γ_1 等分为 2 个维数相等的块 $\Gamma_1 = [\Gamma_{1,1}, \Gamma_{1,2}]$.

将 Γ_2 等分为 2^2 个维数相等的块 $\Gamma_2 = [\Gamma_{2,11}, \Gamma_{2,12}, \Gamma_{2,21}, \Gamma_{2,12}]$.

将 Γ_3 等分为 2^3 个维数相等的块

$$\Gamma_3 = [\Gamma_{3,111}, \Gamma_{3,112}, \Gamma_{3,121}, \Gamma_{3,122}, \Gamma_{3,211}, \Gamma_{3,212}, \Gamma_{3,221}, \Gamma_{3,222}].$$

…

将 Γ_{t_1-1} 等分为 2^{t_1-1} 个维数相等的块

$$\Gamma_{t_1-1} = [\Gamma_{t_1-1, 11\cdots11}, \Gamma_{t_1-1, 11\cdots12}, \Gamma_{t_1-1, 11\cdots21}, \Gamma_{t_1-1, 11\cdots22}, \cdots,$$
$$\Gamma_{t_1-1, 21\cdots11}, \Gamma_{t_1-1, 21\cdots12}, \cdots, \Gamma_{t_1-1, 22\cdots21}, \Gamma_{t_1-1, 22\cdots22}].$$

同样地,将 Γ_{t_1} 等分为 $2^{t_1}-1$ 个维数相等的块

$$\Gamma_{t_1} = [\Gamma_{t_1-1, 11\cdots11}, \Gamma_{t_1-1, 11\cdots12}, \Gamma_{t_1-1, 11\cdots21}, \Gamma_{t_1-1, 11\cdots22}, \cdots,$$
$$\Gamma_{t_1-1, 21\cdots11}, \Gamma_{t_1-1, 21\cdots12}, \cdots, \Gamma_{t_1-1, 22\cdots21}, \Gamma_{t_1-1, 22\cdots22}].$$

重复上述步骤,将 Γ_{t_1+1} 等分为 2^{t_1+1} 个维数相等的块,Γ_{t_1+2} 等分为 2^{t_1+2} 个维数相等的块,$\cdots,\Gamma_{t_2-1}$ 等分为 2^{t_2-1} 个维数相等的块,Γ_{t_2} 等分为 $2^{t_2}-1$ 个维数相等的块,$\cdots$.

定理 5.4: 考虑系统(5-18),(5-19),或等价的系统(5-20),控制为 $u(t)$ 可以从 δ_2^1, δ_2^2 自由取值. 假设 $u(t) = \delta_2^{i_t}$, $i_t \in \{1, 2\}$, 即 $u(0) = \delta_2^{i_0}$, $u(1) = \delta_2^{i_1}$, $\cdots$,若存在有限时间 $s, t_{i-1} + 1 \leqslant s \leqslant t_i$ 使得

$$\text{rank}(O) = 2^n,$$

其中

$$当 t_i + 1 \leqslant s < t_i, O = \begin{pmatrix} \Gamma_0 \\ & \Gamma_{1, i_0} \\ & & \Gamma_{2, i_0 i_1} \\ & & & \vdots \\ \Gamma_{s, i_0 \cdots i_{t_1-2} i_{t_1} \cdots i_{t_2-2} \cdots i_{t_{i-1}} \cdots i_{s-1}} \end{pmatrix},$$

$$当 s = t_i, O = \begin{pmatrix} \Gamma_0 \\ & \Gamma_{1, i_0} \\ & & \Gamma_{2, i_0 i_1} \\ & & & \vdots \\ \Gamma_{t_i, i_0 \cdots i_{t_1-2} i_{t_1} \cdots i_{t_2-2} \cdots i_{t_{i-1}} \cdots i_{t_i-2}} \end{pmatrix},$$

并且 $\Gamma_0 = H$，则系统$(5-18),(5-19)$是可观的.

证明 由矩阵的半张量积的定义以及相关的性质，通过计算有

$$y(0) = Hx(0) = \Gamma_0 x(0),$$

$$y(1) = Hx(1) = HL_1 x(0)u(0) = HL_1 W_{[2, 2^n]} u(0)x(0)$$
$$= \Gamma_1 u(0)x(0) = \Gamma_{1, i_0} x(0),$$

$$\vdots$$

$$y(t_1 - 1) = Hx(t_1 - 1) = HL_1^{t_1-1} x(0)u(0)\cdots u(t_1 - 2)$$
$$= HL_1^{t_1-1} W_{[2^{t_1-1}, 2^n]} u(0)\cdots u(t_1 - 2)x(0)$$
$$= \Gamma_{t_1-1} u(0)\cdots u(t_1 - 2)x(0) = \Gamma_{t_1-1, i_0 \cdots i_{t_1-2}} x(0),$$

$$y(t_1) = Hx(t_1) = HL_2 x(t_1 - 1) = HL_2 L_1^{t_1-1} x(0)u(0)\cdots u(t_1 - 2)$$
$$= HL_2 L_1^{t_1-1} W_{[2^{t_1-1}, 2^n]} u(0)\cdots u(t_1 - 2)x(0)$$
$$= \Gamma_{t_1} u(0)\cdots u(t_1 - 2)x(0) = \Gamma_{t_1, i_0 \cdots i_{t_1-2}} x(0),$$

$$y(t_1+1) = Hx(t_1+1) = HL_1L_2L_1^{t_1-1}W_{[2^{t_1}, 2^n]}u(0)\cdots u(t_1-2)u(t_1)x(0)$$
$$= \Gamma_{t_1+1}u(0)\cdots u(t_1-2)u(t_1)x(0) = \Gamma_{t_1+1, i_0\cdots i_{t_1-2}i_{t_1}}x(0),$$

$$\vdots$$

$$y(t_2-1) = Hx(t_2-1)$$
$$= HL_1^{t_2-t_1-1}L_2L_1^{t_1-1}x(0)u(0)\cdots u(t_1-2)u(t_1)\cdots u(t_2-2)$$
$$= HL_1^{t_2-t_1-1}L_2L_1^{t_1-1}W_{[2^{(t_1-1)+(t_2-t_1-1)}, 2^n]}$$
$$u(0)\cdots u(t_1-2)u(t_1)\cdots u(t_2-2)x(0)$$
$$= \Gamma_{t_1+(t_2-t_1-1)}u(0)\cdots u(t_1-2)u(t_1)\cdots u(t_2-2)x(0)$$
$$= \Gamma_{t_2-1, i_0\cdots i_{t_1-2}i_{t_1}\cdots i_{t_2-2}}x(0),$$

$$y(t_2) = Hx(t_2) = HL_2L_1^{t_2-t_1-1}L_2L_1^{t_1-1}x(0)u(0)\cdots u(t_1-2)u(t_1)\cdots u(t_2-2)$$
$$= HL_2L_1^{t_2-t_1-1}L_2L_1^{t_1-1}W_{[2^{(t_1-1)+(t_2-t_1-1)}, 2^n]}u(0)\cdots$$
$$u(t_1-2)u(t_1)\cdots u(t_2-2)x(0)$$
$$= \Gamma_{t_2}u(0)\cdots u(t_1-2)u(t_1)\cdots u(t_2-2)x(0)$$
$$= \Gamma_{t_2, i_0\cdots i_{t_1-2}i_{t_1}\cdots i_{t_2-2}}x(0),$$

$$\vdots$$

由数学归纳法有

$$y(t_{i-1}+1) = Hx(t_{i-1}+1)$$
$$= HL_1L_2L_1^{t_{i-1}-t_{i-2}-1}\cdots L_2L_1^{t_2-t_1-1}L_2L_1^{t_1-1}x(0)u(0)\cdots u(t_1-2)$$
$$u(t_1)\cdots u(t_2-2)\cdots u(t_{i-2})\cdots u(t_{i-1}-2)u(t_{i-1})$$
$$= HL_1L_2L_1^{t_{i-1}-t_{i-2}-1}\cdots L_2L_1^{t_2-t_1-1}L_2L_1^{t_1-1}$$
$$W_{[2^{(t_1-1)+(t_2-t_1-1)+\cdots+(t_{i-1}-t_{i-2}-1)+1}, 2^n]}u(0)\cdots u(t_1-2)u(t_1)\cdots$$
$$u(t_2-2)\cdots u(t_{i-2})\cdots u(t_{i-1}-2)u(t_{i-1})x(0)$$
$$= \Gamma_{t_{i-1}+1}u(0)\cdots u(t_1-2)u(t_1)\cdots u(t_2-2)\cdots u(t_{i-2})\cdots$$
$$u(t_{i-1}-2)u(t_{i-1})x(0)$$
$$= \Gamma_{t_{i-1}+1, i_0\cdots i_{t_1-2}i_{t_1}\cdots i_{t_2-2}\cdots i_{t_{i-2}}\cdots i_{t_{i-1}-2}i_{t_{i-1}}}x(0),$$

$$\vdots$$

$$y(t_i-1)=Hx(t_i-1)=HL_1^{t_i-t_{i-1}-1}L_2L_1^{t_{i-1}-t_{i-2}-1}\cdots L_2L_1^{t_2-t_1-1}L_2L_1^{t_1-1}x(0)$$

$$u(0)\cdots u(t_1-2)u(t_1)\cdots u(t_2-2)\cdots u(t_{i-1})\cdots u(t_i-2)x(0)$$

$$=HL_1^{t_i-t_{i-1}-1}L_2L_1^{t_{i-1}-t_{i-2}-1}\cdots L_2L_1^{t_2-t_1-1}L_2L_1^{t_1-1}$$

$$W_{[2^{(t_1-1)+(t_2-t_1-1)+\cdots+(t_i-t_{i-1}-1)}, \, 2^n]}u(0)\cdots u(t_1-2)u(t_1)\cdots$$

$$u(t_2-2)\cdots u(t_{i-1})\cdots u(t_i-2)x(0)$$

$$=\varGamma_{t_{i-1}+(t_i-t_{i-1}-1)}u(0)\cdots u(t_1-2)u(t_1)\cdots u(t_2-2)\cdots$$

$$u(t_{i-1})\cdots u(t_i-2)x(0)$$

$$=\varGamma_{t_i-1, \, i_0\cdots i_{t_1-2}i_{t_1}\cdots i_{t_2-2}\cdots i_{t_{i-1}}\cdots i_{t_{i-2}}}x(0),$$

$$y(t_i)=Hx(t_i)=HL_2L_1^{t_i-t_{i-1}-1}L_2L_1^{t_{i-1}-t_{i-2}-1}\cdots L_2L_1^{t_2-t_1-1}L_2L_1^{t_1-1}x(0)$$

$$u(0)\cdots u(t_1-2)u(t_1)\cdots u(t_2-2)\cdots u(t_{i-1})\cdots u(t_i-2)x(0)$$

$$=HL_2L_1^{t_i-t_{i-1}-1}L_2L_1^{t_{i-1}-t_{i-2}-1}\cdots L_2L_1^{t_2-t_1-1}L_2L_1^{t_1-1}$$

$$W_{[2^{(t_1-1)+(t_2-t_1-1)+\cdots+(t_i-t_{i-1}-1)}, \, 2^n]}u(0)\cdots u(t_1-2)u(t_1)\cdots$$

$$u(t_2-2)\cdots u(t_{i-1})\cdots u(t_i-2)x(0)$$

$$=\varGamma_{t_i}u(0)\cdots u(t_1-2)u(t_1)\cdots u(t_2-2)\cdots u(t_{i-1})\cdots u(t_i-2)x(0)$$

$$=\varGamma_{t_i, \, i_0\cdots i_{t_1-2}i_{t_1}\cdots i_{t_2-2}\cdots i_{t_{i-1}}\cdots i_{t_{i-2}}}x(0).$$

从上述分析可以得到

$$O\,x(0)=\begin{bmatrix}y(0)\\y(1)\\\vdots\\y(s)\end{bmatrix}:=Y,即\quad O^{\mathrm{T}}O\,x(0)=O^{\mathrm{T}}\begin{bmatrix}y(0)\\y(1)\\\vdots\\y(s)\end{bmatrix}.$$

如果存在有限时间 s 使得 $\mathrm{rank}(O)=2^n$，即 $O^{\mathrm{T}}O$ 是非奇异的，则有 $x(0)$ 可以由输出唯一决定，并且 $x(0)$ 可以唯一解出，$x(0)=(O^{\mathrm{T}}O)^{-1}O^{\mathrm{T}}Y.$ $\square$

设系统 $(5-18),(5-19)$ 的初始状态为 $\delta_{2^n}^i$，由上述证明我们注意到

$$\begin{bmatrix} y(0) \\ y(1) \\ \vdots \\ y(s) \end{bmatrix} = \mathcal{O}x(0) = \mathrm{Col}_i(\mathcal{O}),$$

则我们有以下结论：

定理 5.5： 考虑系统 (5-18)，(5-19)，或等价的系统 (5-20)，控制为 $u(t)$ 可以从 δ_2^1, δ_2^2 自由取值. 我们假设 $u(t) = \delta_2^{i_t}$，$i_t \in \{1, 2\}$，即 $u(0) = \delta_2^{i_0}$，$u(1) = \delta_2^{i_1}\cdots$，则系统 (5-18)，(5-19) 是可观的，当且仅当存在有限时间 s，$t_{i-1} + 1 \leqslant s \leqslant t_i$，使得 $\mathcal{O}$ 有 2^n 个不同的列，其中 $\mathcal{O}$ 由定理 5.4 给出.

证明　充分性：设该系统的初始状态为 $x(0) = \delta_{2^n}^i$，则有

$$\begin{bmatrix} y(0) \\ y(1) \\ \vdots \\ y(s) \end{bmatrix} = \mathcal{O}x(0) = \mathrm{Col}_i(\mathcal{O}).$$

因为 $\mathcal{O}$ 有 2^n 个不同的列，则对不同的初始状态 $x(0) = \delta_{2^n}^{i_1}$，$x'(0) = \delta_{2^n}^{i_2}$（$i_1 \neq i_2$），有

$$\begin{bmatrix} y(0) \\ y(1) \\ \vdots \\ y(s) \end{bmatrix} = \mathrm{Col}_{i_1}(\mathcal{O}) \neq \mathrm{Col}_{i_2}(\mathcal{O}) = \begin{bmatrix} y'(0) \\ y'(1) \\ \vdots \\ y'(s) \end{bmatrix}.$$

因此，该系统的任意两个初始状态为可分辨的，即系统为可观测的.

必要性：（反证）设系统为可观测的. 我们假设对任意的 s，$\mathcal{O}$ 有两个相同的列，$\mathrm{Col}_{i_1}(\mathcal{O}) = \mathrm{Col}_{i_2}(\mathcal{O})$，则对不同的初始状态 $x(0) = \delta_{2^n}^{i_1}$，$x'(0) = \delta_{2^n}^{i_2}$ 有

$$\begin{pmatrix} y(0) \\ y(1) \\ \vdots \\ y(s) \end{pmatrix} = \mathrm{Col}_{i_1}(\boldsymbol{O}) = \mathrm{Col}_{i_2}(\boldsymbol{O}) = \begin{pmatrix} y'(0) \\ y'(1) \\ \vdots \\ y'(s) \end{pmatrix}.$$

上式意味着 $x(0)$ 与 $x'(0)$ 是不可分辨的. 这与该系统可观测矛盾.   □

5.3.2 数值例子

考虑如下的具有脉冲效应的布尔网络:

$$\begin{cases} A(t+1) = \neg A(t), \\ B(t+1) = B(t) \wedge u(t), \, t \neq t_k, \\ A(t_k) = A(t_k - 1) \wedge B(t_k - 1), \\ B(t_k) = A(t_k - 1) \vee B(t_k - 1), \, t_k = 2, 4, \cdots, \end{cases} \quad (5\text{-}21)$$

输出为

$$y(t) = A(t) \rightarrow B(t). \quad (5\text{-}22)$$

令 $x(t) = A(t)B(t)$，我们可以将 $(5\text{-}21),(5\text{-}22)$ 转化为

$$\begin{cases} x(t+1) = L_1 x(t)u(t), \, t \neq t_k, \\ x(t_k) = L_2 x(t_k - 1), \, t_k = 2, 4, \cdots, \end{cases} \quad (5\text{-}23)$$

$$y = Hx(t),$$

其中 $L_1 = \delta_4[3, 4, 4, 4, 1, 2, 2, 2]$，$L_2 = \delta_4[1, 3, 3, 4]$，$H = \delta_2[1, 2, 1, 1]$.

假设 $u(0) = \delta_2^1$，$u(2) = \delta_2^2$，通过计算有

$$y(0) = Hx(0) = \varGamma_0 x(0) = \delta_2[1, 2, 1, 1]x(0),$$

$$y(1) = Hx(1) = HL_1 x(0)u(0) = HL_1 W_{[2, 4]}u(0)x(0)$$

$$= \delta_2[1, 1, 1, 2, 1, 1, 2, 2]u(0)x(0) = \Gamma_{1, 1}x(0)$$

$$= \delta_2[1, 1, 1, 2]x(0),$$

$$y(2) = Hx(2) = HL_2x(1) = HL_2L_1W_{[2, 4]}u(0)x(0)$$

$$= \delta_2[1, 1, 1, 1, 1, 1, 1, 1]u(0)x(0) = \Gamma_{t_1, 1}x(0)$$

$$= \delta_2[1, 1, 1, 1]x(0),$$

$$y(3) = Hx(3) = HL_1x(2) = HL_1L_2L_1x(0)u(0)u(2)$$

$$= HL_1L_2L_1W_{[4, 4]}u(0)u(2)x(0)$$

$$= \delta_2[1, 2, 1, 1, 2, 2, 1, 2, 2, 2, 1, 1, 2, 2, 2, 2]u(0)u(2)x(0)$$

$$= \Gamma_{3, 12}x(0) = \delta_2[2, 2, 1, 2]x(0).$$

通过计算，有

$$O = \begin{bmatrix} 1 & 0 & 1 & 1 \\ 0 & 1 & 0 & 0 \\ 1 & 1 & 1 & 0 \\ 0 & 0 & 0 & 1 \\ 1 & 1 & 1 & 1 \\ 0 & 0 & 0 & 0 \\ 0 & 0 & 1 & 0 \\ 1 & 1 & 0 & 1 \end{bmatrix}, \ \text{rank}(O) = 2^n = 4.$$

由定理 5.4 可知，系统(5-21)，(5-22)是可观的.

本章部分结果来源于文献[2]和[10].

具有时滞的布尔网络的控制问题

本章研究具有时滞的布尔网络的控制问题,共分三节.6.1 节讨论具有常数时滞的布尔网络的可观性与可控性.6.2 节研究 μ 阶布尔网络的可控性,并讨论模型的重新构建问题.6.3 节首先给出具有变时滞的布尔网络可控的充要条件,并在此基础上讨论 Mayer 型最优控制问题.

6.1 具有常数时滞的布尔网络的可观性与可控性

考虑如下的具有时滞的布尔网络:

$$
\begin{cases}
A_1(t+1) = f_1(u_1(t), \cdots, u_m(t), A_1(t-\tau), \cdots, A_n(t-\tau)), \\
A_2(t+1) = f_2(u_1(t), \cdots, u_m(t), A_1(t-\tau), \cdots, A_n(t-\tau)), \\
\vdots \\
A_n(t+1) = f_n(u_1(t), \cdots, u_m(t), A_1(t-\tau), \cdots, A_n(t-\tau)),
\end{cases}
$$

$$(6-1)$$

$$
y_j(t) = h_j(A_1(t), A_2(t), \cdots, A_n(t)), \, j = 1, 2, \cdots, p, \quad (6-2)
$$

其中 f_i，$i = 1, 2, \cdots, n$，h_j，$j = 1, 2, \cdots, p$ 为逻辑函数；u_i，$i = 1$，$2, \cdots, m$ 为控制（或输入）；y_j，$j = 1, 2, \cdots, p$ 为输出，τ 为正整数时滞.

　　本章我们考虑两类控制：（1）控制为布尔网络. 应用矩阵的半张量积的性质，通常将其写为

$$u(t+1) = Gu(t), \qquad (6-3)$$

其中 G 为状态转移矩阵.

　　（2）控制为自由的布尔序列. 令 $u(t) = \ltimes_{j=1}^{m} u_j(t)$.

　　令 $x(t) = \ltimes_{i=1}^{n} A_i(t)$，$u(t) = \ltimes_{j=1}^{m} u_j(t)$，对每一个逻辑函数 f_i, g_j 分别找到其结构矩阵 M_{1i}，M_{2j}，应用定理 1.2，有：

$$A_i(t+1) = M_{1i} u(t) x(t-\tau),\ i = 1, 2, \cdots, n. \qquad (6-4)$$

将 $(6-4)$ 式的左右两边分别相乘有

$$
\begin{aligned}
x(t+1) &= A_1(t+1) A_2(t+1) \cdots A_n(t+1) \\
&= M_{11} u(t) x(t-\tau) M_{12} u(t) x(t-\tau) \\
&\quad M_{13} u(t) x(t-\tau) \cdots M_{1n} u(t) x(t-\tau) \\
&= \cdots \\
&= M_{11} (I_{2^{m+n}} \otimes M_{12}) \Phi_{m+n} (I_{2^{m+n}} \otimes M_{13}) \Phi_{m+n} \cdots \\
&\quad (I_{2^{m+n}} \otimes M_{1n}) \Phi_{m+n} u(t) x(t-\tau) \\
&\triangleq L u(t) x(t-\tau),
\end{aligned}
$$

其中 $L = M_{11} (I_{2^{m+n}} \otimes M_{12}) \Phi_{m+n} (I_{2^{m+n}} \otimes M_{13}) \Phi_{m+n} \cdots (I_{2^{m+n}} \otimes M_{1n}) \Phi_{m+n}$ 为 $(6-1)$ 的状态转移矩阵.

　　同样地，令 $y(t) = y_1(t) y_2(t) \cdots y_p(t)$，有 $y(t) \triangleq H x(t)$，其中 $H = M_{31} (I_{2^n} \otimes M_{32}) \Phi_n (I_{2^n} \otimes M_{33}) \Phi_n \cdots (I_{2^n} \otimes M_{3p}) \Phi_n$ 为 $(6-2)$ 的状态转移矩阵，M_{3j} 为 h_j 的结构矩阵，$j = 1, 2, \cdots, p$.

由上述分析,控制为布尔网络形式的布尔网络(6-1),(6-2)可以表示如下

$$\begin{cases} u(t+1) = Gu(t), \\ x(t+1) = Lu(t)x(t-\tau), \end{cases} \tag{6-5}$$

$$y(t) = Hx(t). \tag{6-6}$$

6.1.1 具有常数时滞的布尔控制网络的可观性

本小节我们研究具有时滞的布尔网络的可观性.

定义 6.1: 如果对初始状态序列 $x(-\tau)$, $x(1-\tau)$, $\cdots$, $x(0) \in \Delta_{2^n}$, 存在有限的时间 s,使得初始状态序列由输出 $\{y(0),\ y(1),\ \cdots,\ y(s)\}$ 唯一决定,则称系统(6-1),(6-2)为可观的,其控制为 $\{u(0),\ u(1),\ \cdots,\ u(s-1)\}$.

接下来,我们首先考虑控制为布尔网络的情形.

定义矩阵 $\Gamma_j \in \mathcal{L}_{2^p \times 2^{n+m}}$, $j = a(\tau+1)+b$, 其中 $a \in \{0,\ 1,\ 2,\ \cdots\}$, $b \in \{1,\ 2,\ \cdots,\ \tau+1\}$, $\Gamma_j = HLG^{a(\tau+1)+(b-1)}(I_{2^m} \otimes LG^{(a-1)(\tau+1)+(b-1)})$ $(I_{2^{2m}} \otimes LG^{(a-2)(\tau+1)+(b-1)}) \cdots (I_{2^{am}} \otimes LG^{(b-1)})(I_{2^{(a-1)m}} \otimes \Phi_m) \cdots (I_{2^m} \otimes \Phi_m)\Phi_m$.

将 Γ_j 等分为 2^m 个维数相等的块: $\Gamma_j = [\Gamma_{j,1},\ \Gamma_{j,2},\ \cdots,\ \Gamma_{j,2^m}]$.

定理 6.1: 考虑具有控制(6-3)的系统(6-1),(6-2),或等价的系统(6-5),(6-6).假设其控制为 $u(0) = \delta_{2^m}^i$, $i \in \{1,\ 2,\ \cdots,\ 2^m\}$. 如果存在有限的时间 s,$s = c(\tau+1)$,c 是一个正的整数,使得

$$\mathrm{rank}(O_0) = 2^n,\ \mathrm{rank}(O_1) = 2^n,\ \cdots,\ \mathrm{rank}(O_\tau) = 2^n,$$

其中

$$O_0 = \begin{bmatrix} \Gamma_0 \\ \Gamma_{\tau+1,i} \\ \vdots \\ \Gamma_{(c-1)(\tau+1)+\tau+1,i} \end{bmatrix},\ O_1 = \begin{bmatrix} \Gamma_{1,i} \\ \Gamma_{\tau+2,i} \\ \vdots \\ \Gamma_{(c-1)(\tau+1)+1,i} \end{bmatrix},\ \cdots O_\tau = \begin{bmatrix} \Gamma_{\tau,i} \\ \Gamma_{2\tau+1,i} \\ \vdots \\ \Gamma_{(c-1)(\tau+1)+\tau,i} \end{bmatrix},$$

$\Gamma_0 = H$，$i \in \{1, 2, \cdots, 2^m\}$，则系统$(6-5)$，$(6-6)$为可观的.

证明　由Γ_j的定义，以及$u(0) = \delta_{2^m}^i$，通过计算有

$$y(0) = Hx(0) = \Gamma_0 x(0),$$

$$y(1) = Hx(1) = HLu(0)x(-\tau) = \Gamma_1 u(0)x(-\tau) = \Gamma_{1, i} x(-\tau),$$

$$y(2) = Hx(2) = HLu(1)x(1-\tau) = HLGu(0)x(1-\tau)$$

$$= \Gamma_2 u(0)x(1-\tau)$$

$$= \Gamma_{2, i} x(1-\tau),$$

$$\vdots$$

$$y(\tau+1) = Hx(\tau+1) = HLu(\tau)x(0) = HLG^\tau u(0)x(0)$$

$$= \Gamma_{\tau+1} u(0)x(0)$$

$$= \Gamma_{\tau+1, i} x(0),$$

$$y(\tau+2) = Hx(\tau+2) = HLu(\tau+1)x(1)$$

$$= HLG^{\tau+1} u(0)Lu(0)x(-\tau)$$

$$= HLG^{\tau+1}(I_{2^m} \bigotimes L)\Phi_m u(0)x(-\tau)$$

$$= \Gamma_{\tau+2} u(0)x(-\tau) = \Gamma_{\tau+2, i} x(-\tau),$$

$$\vdots$$

$$y(2\tau+2) = Hx(2\tau+2) = HLu(2\tau+1)x(\tau+1)$$

$$= HLG^{2\tau+1} u(0)LG^\tau u(0)x(0)$$

$$= HLG^{2\tau+1}(I_{2^m} \bigotimes LG^\tau)\Phi_m u(0)x(0) = \Gamma_{2\tau+2} u(0)x(0)$$

$$= \Gamma_{2\tau+2, i} x(0),$$

$$\vdots$$

$$y(s-\tau) = y((c-1)(\tau+1)+1)$$

$$= HLG^{(c-1)(\tau+1)}(I_{2^m} \bigotimes LG^{(c-2)(\tau+1)})(I_{2^{2m}} \bigotimes LG^{(c-3)(\tau+1)})\cdots$$

$$(I_{2^{(c-1)m}} \bigotimes L)(I_{2^{(c-2)m}} \bigotimes \Phi_m)\cdots(I_{2^m} \bigotimes \Phi_m)\Phi_m u(0)x(-\tau)$$

$$= \Gamma_{(c-1)(\tau+1)+1} u(0)x(-\tau) = \Gamma_{(c-1)(\tau+1)+1, i} x(-\tau),$$

$$y(s-\tau+1) = y((c-1)(\tau+1)+2)$$

$$= HLG^{(c-1)(\tau+1)+1}(I_{2^m} \bigotimes LG^{(c-2)(\tau+1)+1})(I_{2^{2m}} \bigotimes LG^{(c-3)(\tau+1)+1})\cdots$$

$$(I_{2^{(c-1)m}} \bigotimes LG)(I_{2^{(c-2)m}} \bigotimes \Phi_m)\cdots(I_{2^m} \bigotimes \Phi_m)\Phi_m u(0)x(1-\tau)$$

$$= \Gamma_{(c-1)(\tau+1)+2} u(0)x(1-\tau) = \Gamma_{(c-1)(\tau+1)+2,\, i} x(1-\tau),$$

$$\vdots$$

$$y(s) = y(c(\tau+1))$$

$$= HLG^{(c-1)(\tau+1)+\tau}(I_{2^m} \bigotimes LG^{(c-2)(\tau+1)+\tau})(I_{2^{2m}} \bigotimes LG^{(c-3)(\tau+1)+\tau})\cdots$$

$$(I_{2^{(c-1)m}} \bigotimes LG^{\tau})(I_{2^{(c-2)m}} \bigotimes \Phi_m)\cdots(I_{2^m} \bigotimes \Phi_m)\Phi_m u(0)x(0)$$

$$= \Gamma_{(c-1)(\tau+1)+\tau+1} u(0)x(0) = \Gamma_{(c-1)(\tau+1)+\tau+1,\, i} x(0).$$

由上述分析，我们可以得到

$$O_1^{\mathrm{T}} O_1 x(-\tau) = O_1^{\mathrm{T}} \begin{bmatrix} y(1) \\ y(\tau+2) \\ \vdots \\ y((c-1)(\tau+1)+1) \end{bmatrix}.$$

上式意味着如果 $\mathrm{rank}(O_1) = 2^n$，即 $O_1^{\mathrm{T}} O_1$ 为非奇异的，则 $x(-\tau)$ 可以由输出唯一决定. 同理，如果 $\mathrm{rank}(O_2) = 2^n$，$\cdots$，$\mathrm{rank}(O_\tau) = 2^n$，$\mathrm{rank}(O_0) = 2^n$，我们可以得出 $x(1-\tau)$，$\cdots$，$x(-1)$，$x(0)$ 可以由输出唯一决定. $\square$

类似于定理 5.5 的证明，我们有：

定理 6.2：系统 $(6-5)$，$(6-6)$ 为可观的，当且仅当矩阵 O_0，O_1，$\cdots$，O_τ 分别有 2^n 个不同的列.

接下来，我们考虑控制为自由的布尔变量序列这种情况.

定义一系列矩阵 $\Gamma_j = HL(I_{2^m} \bigotimes L)(I_{2^{2m}} \bigotimes L)\cdots(I_{2^{(j-1)m}} \bigotimes L)$，其中 $j \in \{1, 2, \cdots\}$.

将 Γ_1 等分为 2^m 个维数相等的块 $\Gamma_1 = [\Gamma_{11}, \Gamma_{12}, \cdots, \Gamma_{12^m}]$. 将 Γ_2 等分为 2^{2m} 个维数相等的块 $\Gamma_2 = [\Gamma_{211}, \cdots, \Gamma_{212^m}, \Gamma_{221}, \cdots, \Gamma_{222^m}, \cdots,$

Γ_{22^m1}，$\cdots$，$\Gamma_{22^m2^m}$]．依次下去，将 Γ_j 等分为 2^{jm} 个维数相等的块

$$\begin{aligned}
&[\Gamma_{j11\cdots1}, \cdots, \Gamma_{j11\cdots2^m}, \cdots, \Gamma_{j1\cdots21}, \cdots, \Gamma_{j1\cdots22^m}, \cdots, \\
\Gamma_j = &\Gamma_{j11\cdots12^m1}, \cdots, \Gamma_{j11\cdots12^m2^m}, \cdots, \Gamma_{j2^m1\cdots1}, \cdots \\
&\Gamma_{j2^m1\cdots2^m}, \cdots, \Gamma_{j2^m\cdots2^m1}, \cdots, \Gamma_{j2^m\cdots2^m2^m}].
\end{aligned}$$

定理 6.3： 考虑系统 $(6-1)$，$(6-2)$．假设存在自由的布尔变量序列控制 $u(0) = \delta_{2^m}^{i_0}$，$u(1) = \delta_{2^m}^{i_1}$，$\cdots$，其中 i_0，i_1，$\cdots \in \{1, 2, \cdots, 2^m\}$．如果存在有限的时间 s，$s = d(\tau+1)$，d 为正的整数，使得

$$\text{rank}(O_0) = 2^n, \ \text{rank}(O_1) = 2^n, \ \cdots, \ \text{rank}(O_\tau) = 2^n,$$

其中

$$O_0 = \begin{bmatrix} \Gamma_0 \\ \Gamma_{1i_\tau} \\ \Gamma_{2i_{2\tau+1}i_\tau} \\ \vdots \\ \Gamma_{di_{(d-1)(\tau+1)+\tau}\cdots i_\tau} \end{bmatrix}, \ O_1 = \begin{bmatrix} \Gamma_{1i_0} \\ \Gamma_{2i_{\tau+1}i_0} \\ \vdots \\ \Gamma_{di_{(d-1)(\tau+1)}\cdots i_0} \end{bmatrix}, \ \cdots O_\tau = \begin{bmatrix} \Gamma_{1i_{\tau-1}} \\ \Gamma_{2i_{2\tau}i_{\tau-1}} \\ \vdots \\ \Gamma_{di_{(d-1)(\tau+1)+\tau-1}\cdots i_{\tau-1}} \end{bmatrix},$$

并且 $\Gamma_0 = H$，则系统 $(6-1)$，$(6-2)$ 为可观的．

证明 布尔网络 $(6-1)$，$(6-2)$ 可以表示为如下的代数的形式

$$x(t+1) = Lu(t)x(t-\tau),$$
$$y(t) = Hx(t).$$

通过计算有

$y(0) = Hx(0) = \Gamma_0 x(0),$

$y(1) = Hx(1) = HLu(0)x(-\tau) = \Gamma_1 u(0)x(-\tau) = \Gamma_{1i_0} x(-\tau),$

$y(2) = Hx(2) = HLu(1)x(1-\tau) = \Gamma_1 u(1)x(1-\tau) = \Gamma_{1i_1} x(1-\tau),$

$\vdots$

$$y(\tau+1) = Hx(\tau+1) = HLu(\tau)x(0) = \Gamma_1 u(\tau)x(0) = \Gamma_{1i_\tau}x(0),$$

$$y(\tau+2) = Hx(\tau+2) = HLu(\tau+1)x(1)$$
$$= HLu(\tau+1)Lu(0)x(-\tau) = HL(I_{2^m}\bigotimes L)u(\tau+1)u(0)x(-\tau)$$
$$= \Gamma_2 u(\tau+1)u(0)x(-\tau) = \Gamma_{2i_{\tau+1}i_0}x(-\tau),$$

$$\vdots$$

$$y(2(\tau+1)) = Hx(2(\tau+1)) = HLu(2\tau+1)x(\tau+1)$$
$$= HLu(2\tau+1)Lu(\tau)x(0)$$
$$= HL(I_{2^m}\bigotimes L)u(2\tau+1)u(\tau)x(0)$$
$$= \Gamma_2 u(2\tau+1)u(\tau)x(0) = \Gamma_{2i_{2\tau+1}i_\tau}x(0),$$

$$\vdots$$

$$y((d-1)(\tau+1)+1) = HL(I_{2^m}\bigotimes L)\cdots(I_{2^{(d-1)m}}\bigotimes L)u((d-1)(\tau+1))$$
$$u((d-2)(\tau+1))\cdots u(0)x(-\tau)$$
$$= \Gamma_d u((d-1)(\tau+1))u((d-2)$$
$$(\tau+1))\cdots u(0)x(-\tau)$$
$$= \Gamma_{di_{(d-1)(\tau+1)}\cdots i_0}x(-\tau),$$

$$y((d-1)(\tau+1)+2) = HL(I_{2^m}\bigotimes L)\cdots(I_{2^{(d-1)m}}\bigotimes L)u((d-1)(\tau+1)+1)$$
$$u((d-2)(\tau+1)+1)\cdots u(1)x(1-\tau)$$
$$= \Gamma_d u((d-1)(\tau+1)+1)u((d-2)$$
$$(\tau+1)+1)\cdots u(1)x(1-\tau)$$
$$= \Gamma_{di_{(d-1)(\tau+1)+1}\cdots i_1}x(1-\tau),$$

$$\vdots$$

$$y(d(\tau+1)) = HL(I_{2^m}\bigotimes L)\cdots(I_{2^{(d-1)m}}\bigotimes L)u((d-1)(\tau+1)+\tau)$$
$$u((d-2)(\tau+1)+\tau)\cdots u(\tau)x(0)$$
$$= \Gamma_d u((d-1)(\tau+1)+\tau)u((d-2)(\tau+1)+\tau)\cdots u(\tau)x(0)$$
$$= \Gamma_{di_{(d-1)(\tau+1)+\tau}\cdots i_\tau}x(0).$$

由上述的分析,我们有

$$O_0^{\mathrm{T}} O_0 x(0) = O_0^{\mathrm{T}} \begin{bmatrix} y(0) \\ y(\tau+1) \\ y(2(\tau+1)) \\ \vdots \\ y(d(\tau+1)) \end{bmatrix}.$$

这意味着如果 $\mathrm{rank}(O_0) = 2^n$，即 $O_0^{\mathrm{T}} O_0$ 为非奇异的，则 $x(0)$ 可以由输出唯一决定. 同理，我们可以得出如果 $\mathrm{rank}(O_1) = 2^n$，$\cdots$，$\mathrm{rank}(O_\tau) = 2^n$，则 $x(-\tau)$，$x(1-\tau)$，$\cdots$，$x(-1)$ 可以由输出唯一决定.　　□

类似于定理 5.5 的证明，我们有：

定理 6.4： 考虑系统 $(6-1)$，$(6-2)$. 假设存在自由的布尔变量序列控制 $u(0) = \delta_{2^m}^{i_0}$，$u(1) = \delta_{2^m}^{i_1}$，$\cdots$，其中 i_0，i_1，$\cdots \in \{1, 2, \cdots, 2^m\}$. 该系统为可观的，当且仅当矩阵 O_0，O_1，$\cdots$，O_τ 分别有 2^n 个不同的列.

6.1.2　具有常数时滞的布尔控制网络的可控性

我们首先考虑控制为布尔网络的情形下的具有时滞的布尔控制网络的可控性.

定义 6.2： 考虑具有控制 $(6-3)$ 的系统 $(6-1)$，等价地为系统 $(6-5)$. 给定初始状态序列 $x(-\tau)$，$x(-\tau+1)$，$\cdots$，$x(0) \in \Delta_{2^n}$ 和矩阵 G，如果我们可以找到 u_0，使得目标状态 x_d 有 $x(s+i) = x_d$，则称 x_d 为从初始状态 $x(i-\tau)$，$(i \in \{0, 1, \cdots, \tau\})$ 经 s 步可达.

本小节，我们先考虑 s 是固定的，G 是固定的情形.

定理 6.5： 考虑具有控制 $(6-3)$ 的系统 $(6-1)$，或等价的系统 $(6-5)$，其中 G 是固定的. x_d 可以由 $x(i-\tau)$，$i \in \{0, 1, \cdots, \tau\}$ 经 s 步可达，当且仅当

$$x_d \in \mathrm{Col}\{\Theta^G(s+i) W_{[2^n, 2^m]} x(b-1-\tau)\},$$

并且存在唯一的 $a \in \{0, 1, 2, \cdots\}$，$b \in \{1, 2, \cdots, \tau+1\}$ 使得 $s+i$ 满足：

$$s+i = a(\tau+1)+b,$$

$$\Theta^i(s+i) = LG^{a(\tau+1)+(b-1)}(I_{2^m} \bigotimes LG^{(a-1)(\tau+1)+(b-1)})(I_{2^{2m}} \bigotimes LG^{(a-2)(\tau+1)+(b-1)}) \cdots$$

$$(I_{2^{am}} \bigotimes LG^{(b-1)})(I_{2^{(a-1)m}} \bigotimes \Phi_m) \cdots (I_{2^m} \bigotimes \Phi_m)\Phi_m.$$

证明 通过计算有

$$x(1) = Lu(0)x(-\tau),$$

$$x(2) = Lu(1)x(1-\tau) = LGu(0)x(1-\tau),$$

$$\vdots$$

$$x(\tau+1) = Lu(\tau)x(0) = LG^\tau u(0)x(0),$$

$$x(\tau+2) = LG^{\tau+1}u(0)x(1) = LG^{\tau+1}(I_{2^m} \bigotimes L)\Phi_m u(0)x(-\tau),$$

$$\vdots$$

$$x(2(\tau+1)) = LG^{2\tau+1}u(0)x(\tau+1)$$
$$= LG^{2\tau+1}(I_{2^m} \bigotimes LG^\tau)\Phi_m u(0)x(0),$$

$$x(2\tau+3) = LG^{2\tau+2}u(0)x(\tau+2)$$
$$= LG^{2\tau+2}u(0)LG^{\tau+1}(I_{2^m} \bigotimes L)\Phi_m u(0)x(-\tau)$$
$$= LG^{2\tau+2}(I_{2^m} \bigotimes LG^{\tau+1})(I_{2^{2m}} \bigotimes L)(I_{2^m} \bigotimes \Phi_m)\Phi_m u(0)x(-\tau),$$

$$x(3(\tau+1)) = LG^{3\tau+2}u(0)x(2\tau+2)$$
$$= LG^{3\tau+2}u(0)LG^{2\tau+1}(I_{2^m} \bigotimes LG^\tau)\Phi_m u(0)x(0)$$
$$= LG^{3\tau+2}(I_{2^m} \bigotimes LG^{2\tau+1})(I_{2^{2m}} \bigotimes LG^\tau)$$
$$(I_{2^m} \bigotimes \Phi_m)\Phi_m u(0)x(0),$$

$$\vdots$$

假设存在唯一的 $a \in \{0, 1, 2, \cdots\}$，$b \in \{1, 2, \cdots, \tau+1\}$ 使得

$$s+i = a(\tau+1)+b.$$

从上述分析，由数学归纳法可以得到

$$x(s+i) = x(a(\tau+1)+b)$$

$$= LG^{a(\tau+1)+(b-1)}(I_{2^m} \otimes LG^{(a-1)(\tau+1)+(b-1)})(I_{2^{2m}} \otimes LG^{(a-2)(\tau+1)+(b-1)}) \cdots$$

$$(I_{2^{am}} \otimes LG^{(b-1)})(I_{2^{(a-1)m}} \otimes \Phi_m) \cdots (I_{2^m} \otimes \Phi_m)\Phi_m u(0)x(b-1-\tau)$$

$$= \Theta^G(s+i)u(0)x(b-1-\tau)$$

$$= \Theta^G(s+i)W_{[2^n, 2^m]}x(b-1-\tau)u(0).$$

注意到 $\Theta^G(s+i)W_{[2^n, 2^m]}x(b-1-\tau)$ 和 $u(0)$ 的特殊形式,其中 $\Theta^G(s+i)W_{[2^n, 2^m]}x(b-1-\tau)$ 为 $2^n \times 2^m$ 的矩阵,并且其列在集合 Δ_{2^n} 中,$u(0) \in \Delta_{2^m}$,则我们可以得到定理结论. □

接下来,我们考虑 s 是固定的,G 是可以设计的情况.

注意到 G 有 $m_0 = (2^m)^{2^m}$ 种选择. 我们将每个可能的 G 用其压缩形式以升序排序. 例如,当 $m=1$,有 $G_1 = \delta_2[1, 1]$, $G_2 = \delta_2[1, 2]$, $G_3 = \delta_2[2, 1]$, $G_4 = \delta_2[2, 2]$. 我们考虑集合 $\Lambda \subset \{1, \cdots, m_0\}$ 并且允许 G 从容许集 $\{G_\lambda \mid \lambda \in \Lambda\}$ 中取值,则可以得到以下结论:

推论 6.1: 考虑系统 $(6-1)$,$(6-3)$,或等价的系统 $(6-5)$,其中 $G \in \{G_\lambda \mid \lambda \in \Lambda\}$. x_d 可以由 $x(i-\tau)$, $i \in \{0, 1, \cdots, \tau\}$ 经 s 步可达,当且仅当

$$x_d \in \mathrm{Col}\{\Theta^{G_\lambda}(s+i)W_{[2^n, 2^m]}x(b-1-\tau) \mid \lambda \in \Lambda\},$$

并且存在唯一的 $a \in \{0, 1, 2, \cdots\}$, $b \in \{1, 2, \cdots, \tau+1\}$ 使得 $s+i$ 满足:

$$s+i = a(\tau+1)+b,$$

$$\Theta^{G_\lambda}(s+i) = LG_\lambda^{a(\tau+1)+(b-1)}(I_{2^m} \otimes LG_\lambda^{(a-1)(\tau+1)+(b-1)})(I_{2^{2m}} \otimes$$

$$LG_\lambda^{(a-2)(\tau+1)+(b-1)} \cdots (I_{2^{am}} \otimes LG_\lambda^{(b-1)})(I_{2^{(a-1)m}} \otimes \Phi_m) \cdots (I_{2^m} \otimes \Phi_m)\Phi_m.$$

最后我们考虑控制为自由的布尔变量序列的情况.

定义 6.3: 给定初始状态 $x(-\tau)$, $x(-\tau+1)$, $\cdots$, $x(0) \in \Delta_{2^n}$,目标状态 x_d. 如果对初始状态 $x(i-\tau)$, $i \in \{0, 1, \cdots, \tau\}$,目标状态 x_d,可以找到控制 $u(t)$ 使得 $x(s+i) = x_d$,则称布尔网络 $(6-1)$ 的目标状态 x_d 由

$x(i-\tau)$，$i \in \{0, 1, \cdots, \tau\}$ 经 s 步可达.

定义 $\tilde{L} = LW_{[2^n, 2^m]}$，注意到 $x(t-\tau) \in R^{2^n}$，$u(t) \in R^{2^m}$，则有：

$$x(t+1) = \tilde{L}\,x(t-\tau)u(t).$$

由上式可得：

$$x(s+i) = \tilde{L}x(s+i-1-\tau)u(s+i-1)$$

$$= \tilde{L}^2 x(s+i-2-2\tau)u(s+i-2-\tau)u(s+i-1)$$

$$= \tilde{L}^3 x(s+i-3-3\tau)u(s+i-3-2\tau)u(s+i-2-\tau)u(s+i-1)$$

$$= \cdots$$

$$= \tilde{L}^k x(s+i-k-k\tau)u(s+i-k-(k-1)\tau)u(s+i-(k-1)-$$

$$(k-2)\tau)\cdots u(s+i-1).$$

假设

$$s+i-k-k\tau = j-\tau, \text{其中} j \in \{0, 1, \cdots, \tau\},$$

则我们有如下结论：

定理 6.6：考虑系统 $(6-1)$，目标状态 x_d 在控制 $u(s+i-k-(k-1)\tau)u(s+i-(k-1)-(k-2)\tau)\cdots u(s+i-1)$ 作用下，由 $x(i-\tau)$，$i \in \{0, 1, \cdots, \tau\}$ 经 s 步可达，当且仅当

$$x_d \in \mathrm{Col}\{\tilde{L}^k x(j-\tau)\},$$

其中存在唯一的 j 和 k 使得

$$s+i-k-k\tau = j-\tau, \; j \in \{0, 1, \cdots, \tau\}.$$

6.1.3　数值例子

本小节我们给出数值例子来验证所得结论非空.

例 6.1：考虑如下具有时滞的布尔控制网络：

$$\begin{cases} A(t+1) = u_1(t) \wedge A(t-1), \\ B(t+1) = u_2(t) \vee B(t-1), \end{cases} \quad (6-7)$$

输出为：

$$\begin{cases} y_1(t) = \neg A(t), \\ y_2(t) = \neg B(t), \end{cases} \quad (6-8)$$

控制满足：

$$\begin{cases} u_1(t+1) = \neg u_2(t), \\ u_2(t+1) = u_1(t). \end{cases} \quad (6-9)$$

假设 $u(0) = \delta_4^2$.

记 $x(t) = A(t)B(t)$, $u(t) = u_1(t)u_2(t)$, $y(t) = y_1(t)y_2(t)$, 则我们可以将布尔控制网络 $(6-7)$, $(6-8)$, $(6-9)$ 转化为

$$\begin{cases} x(t+1) = Lu(t)x(t-1), \\ u(t+1) = Gu(t), \end{cases}$$

$$y(t) = Hx(t),$$

其中 $L = \delta_4[1, 1, 3, 3, 1, 2, 3, 4, 3, 3, 3, 3, 3, 4, 3, 4]$, $G = \delta_4[3, 1, 4, 2]$, $H = \delta_4[4, 3, 2, 1]$.

通过计算我们有

$$y(0) = Hx(0) = \delta_4[4, 3, 2, 1]x(0),$$

$$y(1) = HLu(0)x(-1) = \Gamma_{1, 2}x(-1) = \delta_4[4, 3, 2, 1]x(-1),$$

$$y(2) = HLGu(0)x(0) = \Gamma_{2, 2}x(0) = \delta_4[4, 4, 2, 2]x(0),$$

$$y(3) = \Gamma_{3, 2}x(-1) = \delta_4[2, 2, 2, 2]x(-1),$$

$$y(4) = \Gamma_{4, 2}x(0) = \delta_4[2, 2, 2, 2]x(0),$$

$$O_1 = \begin{bmatrix} 0 & 0 & 0 & 1 \\ 0 & 0 & 1 & 0 \\ 0 & 1 & 0 & 0 \\ 1 & 0 & 0 & 0 \\ 0 & 0 & 0 & 0 \\ 1 & 1 & 1 & 1 \\ 0 & 0 & 0 & 0 \\ 0 & 0 & 0 & 0 \end{bmatrix},$$

$\mathrm{rank}(O_1) = 2^n = 4$，并且 $\mathrm{rank}(O_0) = 4$，则由定理 6.1，系统是可观的.

例 6.2：考虑如下的具有时滞的布尔控制网络：

$$\begin{cases} A(t+1) = u_1(t) \wedge B(t-1), \\ B(t+1) = A(t-1), \end{cases} \tag{6-10}$$

输出为：

$$y(t) = A(t) \rightarrow B(t). \tag{6-11}$$

假设 $u(0) = \delta_2^1$, $u(1) = \delta_2^1$, $u(2) = \delta_2^1$, $u(3) = \delta_2^2$, $u(4) = \delta_2^2$, $u(5) = \delta_2^1$, $u(6) = \delta_2^1$, $u(7) = \delta_2^1$.

记 $x(t) = A(t)B(t)$, $u(t) = u_1(t)$，则可以将系统(6-10)，(6-11)转化为

$$\begin{cases} x(t+1) = Lu(t)x(t-1), \\ y(t) = Hx(t), \end{cases} \tag{6-12}$$

其中 $L = \delta_4[1, 3, 2, 4, 3, 3, 4, 4]$, $H = \delta_2[1, 2, 1, 1]$. 通过计算有

$$y(0) = Hx(0) = \delta_2[1, 2, 1, 1]x(0) = \Gamma_0 x(0),$$

$$y(1) = HLu(0)x(-1) = \delta_2[1, 1, 2, 1, 1, 1, 1, 1]u(0)x(-1)$$

$$= \Gamma_{11}x(-1) = \delta_2[1, 1, 2, 1]x(-1),$$

$$y(2) = HLu(1)x(0) = \delta_2[1, 1, 2, 1, 1, 1, 1, 1]u(1)x(0)$$
$$= \Gamma_{11}x(0) = \delta_2[1, 1, 2, 1]x(0),$$

$$y(3) = HL(I_2 \bigotimes L)u(2)u(0)x(-1)$$
$$= \delta_2[1, 2, 1, 1, 2, 2, 1, 1, 1, 1, 1, 1, 1, 1, 1, 1]$$

$$u(2)u(0)x(-1) = \Gamma_{211}x(-1) = \delta_2[1, 2, 1, 1]x(-1),$$

同理,可得

$$y(4) = \Gamma_{221}x(0) = \delta_2[1, 1, 1, 1]x(0),$$
$$y(5) = \Gamma_{3211}x(-1) = \delta_2[1, 1, 1, 1]x(-1),$$
$$y(6) = \Gamma_{3121}x(0) = \delta_2[2, 1, 2, 1]x(0),$$
$$y(7) = \Gamma_{41211}x(-1) = \delta_2[2, 2, 1, 1]x(-1),$$
$$y(8) = \Gamma_{41121}x(0) = \delta_2[1, 1, 1, 1]x(0).$$

则有

$$O_0 = \begin{bmatrix} 1 & 0 & 1 & 1 \\ 0 & 1 & 0 & 0 \\ 1 & 1 & 0 & 1 \\ 0 & 0 & 1 & 0 \\ 1 & 1 & 1 & 1 \\ 0 & 0 & 0 & 0 \\ 0 & 1 & 0 & 1 \\ 1 & 0 & 1 & 0 \\ 1 & 1 & 1 & 1 \\ 0 & 0 & 0 & 0 \end{bmatrix}, O_1 = \begin{bmatrix} 1 & 1 & 0 & 1 \\ 0 & 0 & 1 & 0 \\ 1 & 0 & 1 & 1 \\ 0 & 1 & 0 & 0 \\ 1 & 1 & 1 & 1 \\ 0 & 0 & 0 & 0 \\ 0 & 0 & 1 & 1 \\ 1 & 1 & 0 & 0 \end{bmatrix},$$

并且 $\text{rank}(O_0) = 2^n = 4$, $\text{rank}(O_1) = 2^n = 4$,由定理(6.3),系统(6-10),

(6-11)为可观的.并且我们注意到,可观性与控制的选择是有关系的.例如选定控制为 $u \equiv \delta_2^2$,系统(6-10),(6-11)不可观.

例 6.3: 考虑布尔控制网络:

$$\begin{cases} A(t+1) = u_1(t) \rightarrow A(t-\tau), \\ B(t+1) = u_2(t) \vee B(t-\tau). \end{cases} \quad (6-13)$$

记 $x(t) = A(t)B(t)$,$u(t) = u_1(t)u_2(t)$,我们可以将系统(6-13)转化为 $x(t+1) = \widetilde{L} x(t-\tau)u(t)$,其中

$$\widetilde{L} = M_i(I_4 \bigotimes M_d)(I_2 \bigotimes W_{[2]})W_{[4]}$$
$$= \delta_4[1, 1, 1, 1, 1, 2, 1, 2, 3, 3, 1, 1, 3, 4, 1, 2].$$

假设 $i=1$,$s=4$,$\tau=2$,并且假设 $A(1-\tau) = \delta_2^1$,$B(1-\tau) = \delta_2^2$,即 $x(1-\tau) = \delta_4^2$.我们想知道目标状态是否可以由 $x(1-\tau)$ 经 4 步可达.计算如下

$$\widetilde{L}^2 x(1-\tau) = \delta_4[1, 1, 1, 1, 1, 2, 1, 2, 1, 1, 1, 1, 2, 1, 2].$$

我们有,存在 $j=1$,$k=2$ 使得 $s+i-k-k\tau = j-\tau$ 以及 $x(s+i) = x(5) = \widetilde{L}^2 x(1-\tau)u(1)u(4)$.由定理 6.6,我们可以看到 δ_4^1,δ_4^2 为可达的.如果目标状态为 δ_4^1,注意到其第 1, 2, 3, 4, 5, 7 …列为 δ_4^1,这意味着在控制 δ_{16}^1 或者 δ_{16}^2 或者 δ_{16}^3 或者 δ_{16}^4 或者 δ_{16}^5 或者 δ_{16}^7…的作用下,可以使轨线到达目标状态 δ_4^1.例如,我们选择 $u(1)u(4) = \delta_{16}^3$,这意味着相应的控制为 $u_1(1) = \delta_2^1$,$u_2(1) = \delta_2^1$,$u_1(4) = \delta_2^2$,$u_2(4) = \delta_2^1$.

6.2 μ 阶布尔网络的可控性

一个 μ 阶的布尔网络动力学方程表述如下:

$$
\begin{cases}
A_1(t+1) = f_1(A_1(t-\mu+1), \cdots, A_n(t-\mu+1), \cdots, A_1(t), \cdots, A_n(t)), \\
A_2(t+1) = f_2(A_1(t-\mu+1), \cdots, A_n(t-\mu+1), \cdots, A_1(t), \cdots, A_n(t)), \\
\vdots \\
A_n(t+1) = f_n(A_1(t-\mu+1), \cdots, A_n(t-\mu+1), \cdots, A_1(t), \cdots, A_n(t)), \\
t \geqslant \mu-1,
\end{cases}
$$

$$(6-14)$$

其中 $A_i \in \mathcal{D}$，$f_i: \mathcal{D}^{rm} \to \mathcal{D}$，$i = 1, 2, \cdots, n$ 为逻辑函数；$t = 0, 1, 2, \cdots$.

对于上述网络，我们给出一个细胞循环中的耦合振荡这样一个生物模型的示例[123].

例 6.4：考虑如下的布尔网络：

$$
\begin{cases}
A(t+3) = \neg(A(t) \wedge B(t+1)), \\
B(t+3) = \neg(A(t+1) \wedge B(t)).
\end{cases}
$$

经过平移变换有：

$$
\begin{cases}
A(t+1) = \neg(A(t-2) \wedge B(t-1)), \\
B(t+1) = \neg(A(t-1) \wedge B(t-2)), \ t \geqslant 2,
\end{cases}
$$

可以看出其为一个 3 阶的布尔网络.

接下来，我们考虑 μ 阶布尔控制网络如下：

$$
\begin{cases}
A_1(t+1) = f_1(u_1(t-\mu+1), \cdots, u_m(t-\mu+1), A_1(t-\mu+1), \cdots, \\
\qquad\qquad A_n(t-\mu+1), \cdots, A_1(t), \cdots, A_n(t)), \\
A_2(t+1) = f_2(u_1(t-\mu+1), \cdots, u_m(t-\mu+1), A_1(t-\mu+1), \cdots, \\
\qquad\qquad A_n(t-\mu+1), \cdots, A_1(t), \cdots, A_n(t)), \\
\vdots \\
A_n(t+1) = f_n(u_1(t-\mu+1), \cdots, u_m(t-\mu+1), A_1(t-\mu+1), \cdots, \\
\qquad\qquad A_n(t-\mu+1), \cdots, A_1(t), \cdots, A_n(t)), \ t \geqslant \mu-1,
\end{cases}
$$

$$(6-15)$$

其中 A_i，$u_i \in \mathcal{D}$，u_i 为控制（或输入），f_i，$i = 1, 2, \cdots, n$ 为逻辑函数.

为了将(6-15)转化为代数的形式，我们定义 $x(t) = \ltimes_{i=1}^{n} A_i(t) \in \Delta_{2^n}$，$u(t) = \ltimes_{i=1}^{m} u_i(t) \in \Delta_{2^m}$ 以及 $z(t) = \ltimes_{i=t}^{t+\mu-1} x(i) \in \Delta_{2^{\mu n}}$. 假设 f_i 的结构矩阵为 $M_i \in \mathcal{L}_{2 \times 2^{\mu n + m}}$，可以将(6-15)表示为

$$A_i(t+1) = M_i u(t-\mu+1) z(t-\mu+1),$$
$$i = 1, 2, \cdots, n, \, t = \mu-1, \mu\cdots. \tag{6-16}$$

将(6-16)中的方程左右两边分别相乘有

$$x(t+1) = A_1(t+1) A_2(t+1) \cdots A_n(t+1)$$
$$= M_1 (I_{2^{m+\mu n}} \otimes M_2) \Phi_{m+\mu n} (I_{2^{m+\mu n}} \otimes M_3) \Phi_{m+\mu n}$$
$$\cdots (I_{2^{m+\mu n}} \otimes M_n) \Phi_{m+\mu n} u(t-\mu+1) z(t-\mu+1),$$

则可以将(6-15)转化为

$$x(t+1) = L_0 u(t-\mu+1) z(t-\mu+1), \tag{6-17}$$

其中 $L_0 = M_1 (I_{2^{m+\mu n}} \otimes M_2) \Phi_{m+\mu n} (I_{2^{m+\mu n}} \otimes M_3) \Phi_{m+\mu n} \cdots (I_{2^{m+\mu n}} \otimes M_n) \Phi_{m+\mu n}$.

应用矩阵的半张量积的性质，可得

$$z(t+1) = \ltimes_{i=t+1}^{t+\mu} x(i) = x(t+1) x(t+2) \cdots x(t+\mu-1) L_0 u(t) z(t)$$
$$= x(t+1) x(t+2) \cdots x(t+\mu-1) L_0 u(t) x(t) \cdots x(t+\mu-1)$$
$$= (I_{2^{(\mu-1)n}} \otimes L_0) W_{[2^{m+n}, 2^{(\mu-1)n}]} (I_{2^{m+n}} \otimes \Phi_{(\mu-1)n}) u(t) z(t).$$

这意味着

$$z(t+1) = L u(t) z(t), \tag{6-18}$$

其中 $L = (I_{2^{(\mu-1)n}} \otimes L_0) W_{[2^{m+n}, 2^{(\mu-1)n}]} (I_{2^{m+n}} \otimes \Phi_{(\mu-1)n})$.

6.2.1　模型的重建

本小节，我们主要研究由状态转移矩阵 L 来重新构建 μ 阶布尔网络. 这是很有意义的，因为我们都是在状态空间来研究布尔网络的控制问题，

得到关于其状态转移矩阵的性质. 为了控制设计的需要, 我们需要知道其对应的逻辑系统的形式.

假设 L 为已知的. 我们要重构系统(6–15). 由 $z(t+1) = Lu(t)z(t)$, $t \geqslant 0$, 得到 $z(t-\mu+2) = Lu(t-\mu+1)z(t-\mu+1)$, $t \geqslant \mu-1$. 注意到 $z(t-\mu+2) = \ltimes_{i=t-\mu+2}^{t+1} x(i)$, 有 $E_d^{(\mu-1)n} z(t-\mu+2) = E_d^{(\mu-1)n} x(t-\mu+2) \cdots x(t+1) = x(t+1)$.

故

$$x(t+1) = E_d^{(\mu-1)n} z(t-\mu+2)$$
$$= E_d^{(\mu-1)n} L u(t-\mu+1) z(t-\mu+1), \ t \geqslant \mu-1.$$

我们可以重构 L_0 为 $L_0 = E_d^{(\mu-1)n} L$.

定义一系列的矩阵

$$\widetilde{S}_1^n = \delta_2[\underbrace{1, \cdots, 1}_{2^{n-1}}, \underbrace{2, \cdots, 2}_{2^{n-1}}],$$

以及

$$\widetilde{S}_j^n = \widetilde{S}_1^n W_{[2^{j-1}, 2]}, \ j = 1, 2, \cdots, n.$$

下面给出由状态转移矩阵 L 恢复每个逻辑函数 f_i, $i = 1, 2, \cdots, n$ 的结构矩阵 M_i.

引理 6.1: f_i 的结构矩阵 M_i 可以重构如下:

$$M_i = \widetilde{S}_i^n E_d^{(\mu-1)n} L, \ i = 1, 2, \cdots, n.$$

证明　类似于文献[41], 我们有 $A_i = \widetilde{S}_i^n x$, 即

$$A_i(t+1)$$
$$= M_i u(t-\mu+1) z(t-\mu+1) = \widetilde{S}_i^n x(t+1)$$
$$= \widetilde{S}_i^n L_0 u(t-\mu+1) z(t-\mu+1)$$
$$= \widetilde{S}_i^n E_d^{(\mu-1)n} L u(t-\mu+1) z(t-\mu+1). \hspace{2cm} \square$$

令 $A_i(t+1) = M_i u_1(t-\mu+1)\cdots u_m(t-\mu+1)A_1(t-\mu+1)\cdots A_n(t-\mu+1)\cdots A_1(t)\cdots A_n(t) = M_i B_1\cdots B_m B_{m+1}\cdots B_{m+n}\cdots B_{m+(\mu-1)n+1}\cdots B_{m+\mu n}$. 我们有,若 M_i 满足

$$M_i W_{[2,\,2^{j-1}]}(M_n - I_2) = 0, \qquad (6-19)$$

则变量 B_j 不影响整个的结构矩阵. 重复 $(6-19)$ 的步骤,可以找出所有的不影响结构矩阵的布尔变量.

最后,文献[41]给出了将代数形式转化为逻辑形式的步骤:

命题 6.1(文献[41]):假设逻辑变量 E 有代数的表达式为

$$E = L(A_1, A_2, \cdots, A_n) = W_L A_1 A_2 \cdots A_n,$$

其中 $W_L \in \mathscr{L}_{2\times 2^n}$ 为状态转移矩阵 L 的结构矩阵,则

$$E = [A_1 \wedge L_1(A_2, \cdots, A_n)] \vee [\neg A_1 \wedge L_2(A_2, \cdots, A_n)],$$

其中 $W_L = (W_{L_1} \mid W_{L_2})$,即 $L_1(L_2)$ 的结构矩阵为 W_L 的前半部分(后半部分).

我们给出一个例子来说明如何从状态转移矩阵 L 来重构 μ 阶布尔网络:

例 6.5:假设一个 μ 阶布尔控制网络有如下的形式:

$$\begin{cases} A(t+1) = f_1(u(t-2), A(t-2), B(t-2), A(t-1), \\ \qquad B(t-1), A(t), B(t)), \\ B(t+1) = f_2(u(t-2), A(t-2), B(t-2), A(t-1), \\ \qquad B(t-1), A(t), B(t)), t \geqslant 2, \end{cases}$$

其中 $u \in \mathcal{D}$,并且 $L \in \mathscr{L}_{64\times 128}$ 为

$L = \delta_{64}[3, 7, 11, 15, 17, 21, 25, 29, 35, 39, 43, 47, 49, 53, 57, 61,$

$\qquad 3, 7, 11, 15, 17, 21, 25, 29, 35, 39, 43, 47, 49, 53, 57, 61,$

1，5，9，13，17，21，25，29，33，37，41，45，49，53，57，61，1，

5，9，13，17，21，25，29，33，37，41，45，49，53，57，61，4，8，

12，16，20，24，28，32，35，39，43，47，51，55，59，63，3，7，

11，15，19，23，27，31，35，49，43，47，51，55，59，63，4，8，

12，16，20，24，28，32，35，39，43，47，51，55，59，63，3，7，

11，15，19，23，27，31，35，39，43，47，51，55，59，63]．

我们有 $L_0 = E_d^{(\mu-1)n} L = E_d^4 L$. f_i 的结构矩阵可以重构为：$M_i = \widetilde{S}_i^n E_d^4 L = \widetilde{S}_i^n L_0$，$i = 1, 2$. 可以证明

$$M_1 M_n \neq M_1; \qquad\qquad M_1 W_{[2]} M_n \neq M_1 W_{[2]};$$

$$M_1 W_{[2,4]} M_n = M_1 W_{[2,4]}; \qquad M_1 W_{[2,8]} M_n = M_1 W_{[2,8]};$$

$$M_1 W_{[2,16]} M_n \neq M_1 W_{[2,16]}; \qquad M_1 W_{[2,32]} M_n = M_1 W_{[2,32]};$$

$$M_1 W_{[2,64]} M_n = M_1 W_{[2,64]}.$$

故有 $A(t+1)$ 仅依赖于变量 $u(t-2)$，$A(t-2)$，$B(t-1)$. 我们可以将方程 $A(t+1) = M_1 u(t-2) A(t-2) B(t-2) A(t-1) B(t-1) A(t) B(t)$ 中的变量 $B(t-2)$，$A(t-1)$，$A(t)$，$B(t)$ 以常数变量代替. 如果我们令 $B(t-2) = A(t-1) = A(t) = B(t) = \delta_2^1$，则可以得到

$$\begin{aligned} A(t+1) &= M_1 u(t-2) A(t-2) \delta_2^1 \delta_2^1 B(t-1) \delta_2^1 \delta_2^1 \\ &= M_1 (I_4 \otimes \delta_4^1)(I_8 \otimes \delta_4^1) u(t-2) A(t-2) B(t-1) \\ &= \delta_2 [2, 1, 1, 1, 2, 2, 2, 2] u(t-2) A(t-2) B(t-1). \end{aligned}$$

我们可以将上述方程重新写为

$$\begin{aligned} A(t+1) = &[u(t-2) \wedge f_{11}(A(t-2), B(t-1))] \vee \\ &[\neg u(t-2) \wedge f_{12}(A(t-2), B(t-1))], \end{aligned}$$

其中 $M_{f_{11}} = \delta_2 [2, 1, 1, 1]$，$M_{f_{12}} = \delta_2 [2, 2, 2, 2]$. 由 $M_{f_{11}} = \delta_2 [2, 1, 1, 1]$，可以得到

$$f_{11}(A(t-2), B(t-1)) = \neg(A(t-2) \wedge B(t-1)).$$

由 $M_{f_{12}} = \delta_2[2, 2, 2, 2]$，可以得到

$$f_{12}(A(t-2), B(t-1)) = \delta_2^2.$$

综上，我们有

$$
\begin{aligned}
A(t+1) &= [u(t-2) \wedge (\neg(A(t-2) \wedge B(t-1)))] \vee \\
&\quad [\neg u(t-2) \wedge \delta_2^2] \\
&= u(t-2) \wedge (\neg(A(t-2) \wedge B(t-1))).
\end{aligned}
$$

同样地，我们可以验证

$$
\begin{aligned}
B(t+1) &= (u(t-2) \wedge \delta_2^1) \vee [\neg u(t-2) \wedge \\
&\quad (\neg(A(t-1) \wedge B(t-2)))] \\
&= \delta_2^1 \wedge [u(t-2) \vee (\neg(A(t-1) \wedge B(t-2)))] \\
&= u(t-2) \vee (\neg(A(t-1) \wedge B(t-2))).
\end{aligned}
$$

由以上的分析，我们可以重构逻辑系统如下：

$$
\begin{cases}
A(t+1) = u(t-2) \wedge (\neg(A(t-2) \wedge B(t-1))), \\
B(t+1) = u(t-2) \vee (\neg(A(t-1) \wedge B(t-2))).
\end{cases}
$$

6.2.2 μ 阶布尔控制网络的可控性

本小节，我们考虑 μ 阶布尔控制网络(6-15)的可控性. 令 $X = (A_1, \cdots, A_n)^{\mathrm{T}}$, $U = (u_1, \cdots, u_m)^{\mathrm{T}}$, $F = (f_1, \cdots, f_n)^{\mathrm{T}}$, (6-15)可以表述如下

$$X(t+1) = F(U(t-\mu+1), X(t-\mu+1), \cdots, X(t)), \ t \geqslant \mu-1.$$

定义 6.4： 考虑 μ 阶布尔控制网络(6-15). 给定初始状态序列 $X(0), \cdots, X(\mu-1)$ 以及目标状态 X_d，如果我们可以找到控制 U，使得对

某一 $s \geqslant 1$，有 $X(U, s+\mu-1) = X_d$，则称 X_d 为由初始状态序列经 s 步可控的(或称为可达的).

令 $x(t) = \ltimes_{i=1}^{n} A_i(t)$，则以向量的形式我们可以重新给出上述定义.

定义 6.5：考虑 μ 阶布尔控制网络(6-15).给定初始状态序列 $x(0) \sim X(0)$，$\cdots$，$x(\mu-1) \sim X(\mu-1)$ 以及目标状态 $x_d \sim X_d$，如果我们可以找到控制 u，使得对初始状态序列有 $x_d = x(u, s+\mu-1)$，则称 x_d 为从初始状态序列 $\ltimes_{i=0}^{\mu-1} x(i)$ 经 s 步可控的(或称可达的).

我们考虑两类控制下的 μ 阶布尔控制网络的可控性.

(I) 控制为自由的布尔变量序列控制，令 $u(t) = \ltimes_{j=1}^{m} u_j(t)$.

(II) 控制为布尔网络.由矩阵的半张量积的性质，可以将其转化为

$$u(t+1) = Gu(t), \tag{6-20}$$

其中 G 为状态转移矩阵.

我们考虑情形(I).

定理 6.7：考虑具有自由的布尔变量序列控制的系统(6-15). $x_d \sim X_d$ 为从初始状态序列 $\ltimes_{i=0}^{\mu-1} x(i)$ 经 s 步可控(可达)的，当且仅当

$$x_d \in \mathrm{Col}\{E_d^{(\mu-1)n} \widetilde{L}^s \ltimes_{i=0}^{\mu-1} x(i)\},$$

其中 $\widetilde{L} = LW_{[2^{\mu n}, 2^m]}$.

证明 考虑系统(6-15)，或等价的系统(6-18)，我们可以将其重新写为

$$z(t+1) = Lu(t)z(t) = LW_{[2^{\mu n}, 2^m]}z(t)u(t) = \widetilde{L}\, z(t)u(t).$$

通过计算有

$$z(1) = \widetilde{L}z(0)u(0),$$

$$z(2) = \widetilde{L}z(1)u(1) = \widetilde{L}^2 z(0)u(0)u(1),$$

$$\vdots$$

$$z(s) = \widetilde{L}^s z(0)u(0)u(1)\cdots u(s-1).$$

注意到 $z(s) = \ltimes_{i=s}^{s+\mu-1} x(i)$，则可以得到

$$E_d^{(\mu-1)n} z(s) = E_d^{(\mu-1)n} x(s)x(s+1)\cdots x(s+\mu-1) = x(s+\mu-1).$$

故

$$x(s+\mu-1) = E_d^{(\mu-1)n} \widetilde{L}^s z(0)u(0)u(1)\cdots u(s-1)$$
$$= E_d^{(\mu-1)n} \widetilde{L}^s \ltimes_{i=0}^{\mu-1} x(i)u(0)\cdots u(s-1).$$

我们可以得到

$$E_d^{(\mu-1)n} \widetilde{L}^s \ltimes_{i=1}^{\mu-1} x(i) \in \mathcal{L}_{2^n \times 2^{sm}}, \; u(0)\cdots u(s-1) \in \Delta_{2^{sm}}.$$

这意味着 $x_d = x(s+\mu-1)$ 当且仅当

$$x_d \in \mathrm{Col}\{E_d^{(\mu-1)n} \widetilde{L}^s \ltimes_{i=0}^{\mu-1} x(i)\}. \qquad \square$$

注释 6.1： 由定理 6.7 可得，由初始状态 $\ltimes_{i=0}^{\mu-1} x(i)$ 经 s 步可达的集合 $R_s(\ltimes_{i=0}^{\mu-1} x(i))$ 为 $\mathrm{Col}\{E_d^{(\mu-1)n} \widetilde{L}^s \ltimes_{i=0}^{\mu-1} x(i)\}$。

定理 6.8： 考虑 μ 阶布尔控制网络(6-15)。假设 k^* 为最小的 $k > 0$ 使得

$$\mathrm{Col}\{\widetilde{L}^{k+1} \ltimes_{i=0}^{\mu-1} x(i)\} \subset \mathrm{Col}\{\widetilde{L}^s \ltimes_{i=0}^{\mu-1} x(i) \mid s = 1, 2, \cdots, k\},$$

则 $\ltimes_{i=0}^{\mu-1} x(i)$ 的可达集为

$$R(\ltimes_{i=0}^{\mu-1} x(i)) = \bigcup_{j=1}^{k^*} \mathrm{Col}\{E_d^{(\mu-1)n} \widetilde{L}^j \ltimes_{i=0}^{\mu-1} x(i)\}.$$

证明 由定理 6.7，我们可知 $R(\ltimes_{i=0}^{\mu-1} x(i))$ 为

$$R(\ltimes_{i=0}^{\mu-1} x(i)) = \bigcup_{j=1}^{\infty} \mathrm{Col}\{E_d^{(\mu-1)n} \widetilde{L}^j \ltimes_{i=0}^{\mu-1} x(i)\}.$$

由 $\mathrm{Col}\{\widetilde{L}^{k+1} \ltimes_{i=0}^{\mu-1} x(i)\} \subset \mathrm{Col}\{\widetilde{L}^s \ltimes_{i=0}^{\mu-1} x(i) \mid s = 1, 2, \cdots, k\}$，我们有

$$\mathrm{Col}\{\widetilde{L}^{k+2} \ltimes_{i=0}^{\mu-1} x(i)\} = \mathrm{Col}\{\widetilde{L}\widetilde{L}^{k+1} \ltimes_{i=0}^{\mu-1} x(i)\}$$
$$= \mathrm{Col}\{\widetilde{L}\mathrm{Col}\{\widetilde{L}^{k+1} \ltimes_{i=0}^{\mu-1} x(i)\}\}$$

$$\subset \mathrm{Col}\{\widetilde{L}\mathrm{Col}\{\widetilde{L}^s \ltimes_{i=0}^{\mu-1} x(i) \mid s = 1, 2, \cdots, k\}\}$$

$$= \mathrm{Col}\{\widetilde{L}^{s+1} \ltimes_{i=0}^{\mu-1} x(i) \mid s = 1, 2, \cdots, k\}$$

$$\subset \mathrm{Col}\{\widetilde{L}^s \ltimes_{i=0}^{\mu-1} x(i) \mid s = 1, 2, \cdots, k\}.$$

由上式可得

$$\mathrm{Col}\{E_d^{(\mu-1)n}\widetilde{L}^{k+2} \ltimes_{i=0}^{\mu-1} x(i)\} = \mathrm{Col}\{E_d^{(\mu-1)n}\mathrm{Col}\{\widetilde{L}^{k+2} \ltimes_{i=0}^{\mu-1} x(i)\}\}$$

$$\subset \mathrm{Col}\{E_d^{(\mu-1)n}\mathrm{Col}\{\widetilde{L}^s \ltimes_{i=0}^{\mu-1} x(i) \mid s = 1, 2, \cdots, k\}\}$$

$$= \mathrm{Col}\{E_d^{(\mu-1)n}\widetilde{L}^s \ltimes_{i=0}^{\mu-1} x(i) \mid s = 1, 2, \cdots, k\}.$$

重复上述步骤,我们可以看出上述不等式意味着在时刻 k^* 后没有新的列,我们可以得出定理结论. ☐

注释 6.2： 由文献[39]的可控以及全局可控的定义,我们可以得出如果对初始状态 $\ltimes_{i=0}^{\mu-1} x(i)$ 有 $R(\ltimes_{i=0}^{\mu-1} x(i)) = \Delta_{2^n}$,则 μ 阶布尔控制网络(6-15)在初始状态序列 $\ltimes_{i=0}^{\mu-1} x(i)$ 可控的. 如果对任意的初始状态有 $R(\ltimes_{i=0}^{\mu-1} x(i)) = \Delta_{2^n}$, $i \in \{1, 2, \cdots, 2^n\}$,则 μ 阶布尔控制网络(6-15)为全局可控的.

推论 6.2：（1）考虑 μ 阶布尔控制网络(6-15). 假设 k^* 为最小的 $k > 0$ 使得

$$\mathrm{Col}\{\widetilde{L}^{k+1} \ltimes_{i=0}^{\mu-1} x(i)\} \subset \mathrm{Col}\{\widetilde{L}^s \ltimes_{i=0}^{\mu-1} x(i) \mid s = 1, 2, \cdots, k\},$$

如果 $R(\ltimes_{i=0}^{\mu-1} x(i)) = \bigcup_{j=1}^{k^*} \mathrm{Col}\{E_d^{(\mu-1)n}\widetilde{L}^j \ltimes_{i=0}^{\mu-1} x(i)\} = \Delta_{2^n}$,则 μ 阶布尔控制网络(6-15)在 $\ltimes_{i=0}^{\mu-1} x(i)$ 可控.

（2）如果对任意的初始状态 $\ltimes_{i=0}^{\mu-1} x(i) \in \Delta_{2^{\mu n}}$, k^* 是最小的 $k > 0$ 使得

$$\mathrm{Col}\{\widetilde{L}^{k+1} \ltimes_{i=0}^{\mu-1} x(i)\} \subset \mathrm{Col}\{\widetilde{L}^s \ltimes_{i=0}^{\mu-1} x(i) \mid s = 1, 2, \cdots, k\},$$

如果 $\forall \ltimes_{i=0}^{\mu-1} x(i) \in \Delta_{2^{\mu n}}$ 有 $R(\ltimes_{i=0}^{\mu-1} x(i)) = \bigcup_{j=1}^{k^*} \mathrm{Col}\{E_d^{(\mu-1)n}\widetilde{L}^j \ltimes_{i=0}^{\mu-1} x(i)\} = \Delta_{2^n}$,则 μ 阶布尔控制网络(6-15)为全局可控的.

注释 6.3： 注意到 $E_d^{(\mu-1)n}\widetilde{L}^j \ltimes_{i=0}^{\mu-1} x(i) = (E_d^{(\mu-1)n} \bigotimes I_{2^{n-1}})\widetilde{L}^j \ltimes_{i=0}^{\mu-1} x(i)$，其中 $E_d^{(\mu-1)n} \bigotimes I_{2^{n-1}}$ 为一个 $2^n \times 2^{\mu n}$ 的矩阵. 将 $E_d^{(\mu-1)n} \bigotimes I_{2^{n-1}}$ 等分为 $2^{\mu n-n}$ 个相等的块，我们可以看出每一个块为 I_{2^n}. 注意到 $\widetilde{L}^j \ltimes_{i=0}^{\mu-1} x(i) \in \mathcal{L}_{2^{\mu n} \times 2^{jm}}$，则对 $\widetilde{L}^j \ltimes_{i=0}^{\mu-1} x(i) = \delta_{2^{\mu n}}^l$，有 $E_d^{(\mu-1)n}\widetilde{L}^j \ltimes_{i=0}^{\mu-1} x(i) = \mathrm{Col}_l(E_d^{(\mu-1)n} \bigotimes I_{2^{n-1}})$. 假设 $l = a(\mathrm{mod}\ 2^n)$，我们可以得出 $\mathrm{Col}_a(E_d^{(\mu-1)n} \bigotimes I_{2^{n-1}}) = \mathrm{Col}_{2^n+a}(E_d^{(\mu-1)n} \bigotimes I_{2^{n-1}}) = \mathrm{Col}_{2 \cdot 2^n+a}(E_d^{(\mu-1)n} \bigotimes I_{2^{n-1}}) = \cdots$. 如果存在时间 s 使得

$$\mathrm{Col}\{\widetilde{L}^j \ltimes_{i=0}^{\mu-1} x(i) \mid j = 1, 2, \cdots, s\} = \{\delta_{2^{\mu n}}^{i_1}, \delta_{2^{\mu n}}^{i_2}, \cdots, \delta_{2^{\mu n}}^{i_{2^n}}\},$$

其中 $i_1 \in \{1, 2^n+1, 2 \cdot 2^n+1, \cdots, (2^{\mu n-n}-1) \cdot 2^n+1\}$，$i_2 \in \{2, 2^n+2, 2 \cdot 2^n+2, \cdots, (2^{\mu n-n}-1)2^n+2\}$，$\cdots$，$i_{2^n} \in \{2^n, 2^n+2^n, \cdots, (2^{\mu n-n}-1)2^n+2^n\}$，则系统 (6-15) 为从初始状态序列 $\ltimes_{i=0}^{\mu-1} x(i)$ 可控的. 在某些情况下，此条件比推论 6.2 的条件低保守.

接下来，我们考虑情形 (II). (6-15)，(6-20) 可以转化为

$$\begin{cases} z(t+1) = Lu(t)z(t), \\ u(t+1) = Gu(t), \quad t \geqslant 0. \end{cases} \tag{6-21}$$

定理 6.9： 考虑具有控制 (6-20) 的系统 (6-15)，或等价的系统 (6-21)，其中 G 为固定的. $x_d \in \Delta_{2^n}$ 为从初始状态序列 $\ltimes_{i=0}^{\mu-1} x(i)$ 经 s 步可控的，当且仅当

$$x_d \in \mathrm{Col}\{E_d^{(\mu-1)n}\Theta^G(s)W_{[2^{\mu n}, 2^m]} \ltimes_{i=0}^{\mu-1} x(i)\},$$

其中

$$\Theta^G(t) = LG^{t-1}(I_{2^m} \bigotimes LG^{t-2})(I_{2^{2m}} \bigotimes LG^{t-3})\cdots(I_{2^{(t-1)m}} \bigotimes L)$$
$$(I_{2^{(t-2)m}} \bigotimes \Phi_m)\cdots(I_{2^m} \bigotimes \Phi_m)\Phi_m.$$

证明 通过计算有下述等式

$$z(1) = Lu(0)z(0) = \Theta^G(1)u(0)z(0) = \Theta^G(1)W_{[2^{\mu n}, 2^m]}z(0)u(0),$$

$$z(2) = Lu(1)z(1) = LGu(0)Lu(0)z(0)$$

$$= LG(I_{2^m} \bigotimes L)\Phi_m u(0)z(0)$$

$$= \Theta^G(2)u(0)z(0) = \Theta^G(2)W_{[2^{\mu n}, 2^m]}z(0)u(0),$$

$$z(3) = Lu(2)z(2) = LG^2 u(0)LG(I_{2^m} \bigotimes L)\Phi_m u(0)x(0)$$

$$= LG^2(I_{2^m} \bigotimes LG)(I_{2^{2m}} \bigotimes L)(I_{2^m} \bigotimes \Phi_m)\Phi_m u(0)z(0)$$

$$= \Theta^G(3)u(0)z(0)$$

$$= \Theta^G(3)W_{[2^{\mu n}, 2^m]}z(0)u(0).$$

由数学归纳法可以证明

$$z(s) = LG^{s-1}(I_{2^m} \bigotimes LG^{s-2})(I_{2^{2m}} \bigotimes LG^{s-3})\cdots(I_{2^{(s-1)m}} \bigotimes L)$$

$$(I_{2^{(s-2)m}} \bigotimes \Phi_m)\cdots(I_{2^m} \bigotimes \Phi_m)\Phi_m u(0)z(0)$$

$$= \Theta^G(s)u(0)z(0) = \Theta^G(s)W_{[2^{\mu n}, 2^m]}z(0)u(0).$$

注意到

$$E_d^{(\mu-1)n}z(s) = E_d^{(\mu-1)n} \ltimes_{i=s}^{s+\mu-1} x(i) = x(s+\mu-1),$$

我们有

$$x(s+\mu-1) = E_d^{(\mu-1)n}z(s) = E_d^{(\mu-1)n}\Theta^G(s)W_{[2^{\mu n}, 2^m]}z(0)u(0).$$

因 $u(0) \in \Delta_{2^m}$, $E_d^{(\mu-1)n}\Theta^G(s)W_{[2^{\mu n}, 2^m]} \ltimes_{i=0}^{\mu-1} x(i) \in \mathcal{L}_{2^n \times 2^m}$，我们可以得到 $x_d = x(s+\mu-1)$ 当且仅当

$$x_d \in \mathrm{Col}\{E_d^{(\mu-1)n}\Theta^G(s)W_{[2^{\mu n}, 2^m]} \ltimes_{i=0}^{\mu-1} x(i)\}.$$

可以得出定理结论.　　　　　　　　　　　　　　　　　　□

我们假设

A1. G 为非奇异的. 由引理 4.1，从 $u(0) = u_0$ 出发，我们可以找到一个循环，即我们可以找到最小的 $l > 0$，使得 $G^l u(0) \equiv u(0)$. 我们构造映射

$$\Psi_: = LG^{l-1}u(0)LG^{l-2}u(0)\cdots LGu(0)Lu(0),$$

并且假定

A2. 存在最小的正整数 k 使得 $\Psi^k x_0 = \Psi^s x_0$，$s \in \{1, 2, \cdots, k-1\}$.

通过计算有

$$z(1) = Lu(0)z(0)，$$

$$z(2) = Lu(1)z(1) = LGu(0)Lu(0)z(0)，$$

$$z(3) = Lu(2)z(2) = LG^2u(0)LGu(0)Lu(0)z(0)，$$

$$\vdots$$

$$z(l) = LG^{l-1}u(0)LG^{l-2}u(0)\cdots LGu(0)Lu(0)z(0) = \Psi z(0)，$$

$$z(l+1) = Lu(l)z(l) = LG^l u(0)\Psi z(0) = Lu(0)\Psi z(0)，$$

$$z(l+2) = Lu(l+1)z(l+1) = LGu(0)Lu(0)\Psi z(0)，$$

$$\vdots$$

$$z(2l) = LG^{l-1}u(0)\cdots LGu(0)Lu(0)\Psi z(0) = \Psi^2 z(0)，$$

由数学归纳法可以证明

$$z(sl) = \Psi^s z(0)，$$

$$z(sl+1) = Lu(0)\Psi^s z(0)，$$

$$z(sl+2) = LGu(0)Lu(0)\Psi^s z(0)，$$

$$\vdots$$

$$z((s+1)l) = \Psi^{s+1} z(0)，$$

$$\vdots$$

$$z((k-1)l+1) = Lu(0)\Psi^{k-1} z(0)，$$

$$z((k-1)l+2) = LGu(0)Lu(0)\Psi^{k-1} z(0)，$$

$$\vdots$$

$$z(kl) = \Psi^k z(0) = \Psi^s z(0)，$$

$$z(kl+1) = Lu(0)\Psi^k z(0) = Lu(0)\Psi^s z(0) = z(sl+1)，$$

$$z(kl+2)=LGu(0)Lu(0)\Psi^k x(0)=LGu(0)Lu(0)\Psi^s z(0)=z(sl+2),$$

$$\vdots$$

$$z((k+1)l)=\Psi^{k+1}z(0)=\Psi^{s+1}z(0)=z((s+1)l).$$

上述等式意味着在时间 kl 后没有新的列,则我们可以得到:

定理 6.10:考虑具有控制(6-20)的系统(6-15).假设条件 A1 和 A2 满足,则在控制 u_0 下初始状态序列 $\ltimes_{i=0}^{\mu-1}x(i)$ 的全部可达集为

$$R_{u_0}(\ltimes_{i=0}^{\mu-1}x(i))=\bigcup_{i=1}^{kl}\mathrm{Col}\{E_d^{(\mu-1)n}\Theta^G(i)u_0\ltimes_{i=0}^{\mu-1}x(i)\}.$$

6.2.3 应用输入状态关联矩阵研究 μ 阶布尔控制网络的可控性

本小节我们应用输入状态关联矩阵研究 μ 阶布尔控制网络的可控性,其中控制为自由的布尔控制序列. 我们首先给出一个例子.

例 6.6:考虑一个二阶的布尔控制网络:

$$\sum:\begin{cases}A_1(t+1)=u(t-1)\wedge((A_1(t-1)\vee A_2(t-1))\rightarrow\\(A_1(t)\vee A_2(t))),\\A_2(t+1)=u(t-1)\leftrightarrow((A_1(t-1)\wedge A_2(t-1))\vee\\(A_1(t)\wedge A_2(t))),\ t\geqslant 1.\end{cases}$$

令 $x(t)=A_1(t)A_2(t)$,$z(t)=x(t)x(t+1)$,我们可以得出结论

$$\begin{aligned}x(t+1)&=M_c(I_2\otimes M_i M_d)(I_8\otimes M_d)(I_{32}\otimes M_e)(I_{64}\otimes M_d M_c)\\&\quad(I_{256}\otimes M_c)\Phi_5 u(t-1)x(t-1)x(t)\\&\triangleq L_0 u(t-1)x(t-1)x(t).\end{aligned}$$

$$\begin{aligned}z(t+1)&=(I_4\otimes L_0)W_{[8,4]}(I_8\otimes\Phi_2)u(t)z(t)\\&=\delta_{16}[1,5,9,15,1,6,10,16,1,6,10,16,1,6,10,14,4,\\&\quad 8,12,16,4,7,11,15,4,7,11,15,4,7,11,15]\\&\triangleq Lu(t)z(t).\end{aligned}$$

我们定义输入状态控制的点为 $P_1 = 1 \times (1,1,1,1) \sim \delta_2^1 \times \delta_{16}^1$, $P_2 = 1 \times (1,1,1,0) \sim \delta_2^1 \times \delta_{16}^2$, …, $P_{32} = 0 \times (0,0,0,0) \sim \delta_2^2 \times \delta_{16}^{16}$. 构造一个 32×32 的矩阵, $\mathscr{J}(\sum)$:

$$\mathscr{J}_{ij} = \begin{cases} 1, & \text{存在一条从 } P_j \text{ 到 } P_i \text{ 的边,} \\ 0, & \text{其他.} \end{cases}$$

$\mathscr{J}(\sum)$ 叫做布尔网络的输入状态关联矩阵. 通过计算, 我们有

$$\mathscr{J}(\sum) = \begin{bmatrix} L \\ L \end{bmatrix}.$$

事实上, 对于一般情形, 上述也是成立的. 考虑方程 $(6-18)$, 对于第 P_j 个输入 $u(t) \ltimes z(t)$, $t \geqslant 0$, 方程 $(6-18)$ 的状态转移矩阵的第 j 列是相应于输出 $z(t+1)$ 的, 即对于第 P_j 个输入 $(u(t), A_1(t), \cdots, A_n(t), \cdots, A_1(t+\mu-1), \cdots, A_n(t+\mu-1)) \sim u(t) \ltimes_{i=t}^{t+\mu-1} x(i)$, $t \geqslant 0$, 第 j 列是相应于输出 $\ltimes_{i=t+1}^{t+\mu-1} x(i)$. 换句话说, 如果有列 $\mathrm{Col}_j(L) = \delta_{2^n}^i$, 上述等式意味着存在一条由 P_j 到 P_i 的边. 又因为控制可以为任意的, 则系统 $(6-15)$ 的输入状态关联矩阵为

$$\mathscr{J} = \left. \begin{bmatrix} L \\ L \\ \vdots \\ L \end{bmatrix} \right\} 2^m.$$

通过定义输入状态关联矩阵的基本块 $\mathscr{J}_0$, $\mathscr{J}_0 = L$, 并且注意到 $E_d^{(\mu-1)n} z(s) = E_d^{(\mu-1)n} \ltimes_{i=s}^{s+\mu-1} x(i) = x(s+\mu-1)$, 类似于文献 $[42]$ 的证明, 我们有以下结论:

定理 6.11: 考虑系统 $(6-15)$, 输入状态关联矩阵为 $\mathscr{J}$.

1. $x(s+\mu-1) = \delta_{2^n}^l$ 为由初始状态序列 $\ltimes_{i=0}^{\mu-1} x(i) = \delta_{2^{\mu n}}^j$ 经 s 步可达,

当且仅当存在 α,使得 $E_d^{(\mu-1)n}\delta_{2^{\mu n}}^{\alpha}=\delta_{2^n}^l$,并且

$$\sum_{i=1}^{2^m}(\text{Blk}_i(\mathscr{J}_0^s))_{aj}=(M^s)_{aj}>0,$$

其中 $M=\displaystyle\sum_{i=1}^{2^m}\text{Blk}_i(L)$.

2. $x=\delta_{2^n}^l$ 为由初始状态序列 $\ltimes_{i=0}^{\mu-1}x(i)=\delta_{2^{\mu n}}^j$ 可达的,当且仅当存在 α,使得 $E_d^{(\mu-1)n}\delta_{2^{\mu n}}^{\alpha}=\delta_{2^n}^l$,并且

$$\sum_{s=1}^{2^{m+\mu n}}\sum_{i=1}^{2^m}(\text{Blk}_i(\mathscr{J}_0^s))_{aj}=\sum_{s=1}^{2^{m+\mu n}}(M^s)_{aj}>0.$$

3. 系统在初始状态序列 $\ltimes_{i=0}^{\mu-1}x(i)=\delta_{2^{\mu n}}^j$ 可控的,当且仅当

$$\sum_{s=1}^{2^{m+\mu n}}\sum_{i=1}^{2^m}\text{Col}_j\big[\text{Blk}_i(\mathscr{J}_0^s)\big]=\sum_{s=1}^{2^{m+\mu n}}\text{Col}_j(M^s)>0.$$

4. 系统为可控的,当且仅当

$$\sum_{s=1}^{2^{m+\mu n}}\sum_{i=1}^{2^m}\text{Blk}_i(\mathscr{J}_0^s)=\sum_{s=1}^{2^{m+\mu n}}(M^s)>0.$$

下面,我们给出一个例子:

例 6.7: 重新考虑例子 6.6.假设 $x_d=\delta_4^3$,初始状态序列为

$$\ltimes_{i=0}^2 x(i)=\delta_{16}^5.$$

通过计算,我们有存在 $\alpha=11$,或者 $\alpha=15$ 使得 $E_d^2\delta_{16}^{11}=\delta_4^3$, $E_d^2\delta_{16}^{15}=\delta_4^3$,并且 $\displaystyle\sum_{s=1}^{2^5}(M^s)_{11,5}>0$, $\displaystyle\sum_{s=1}^{2^5}(M^s)_{15,5}>0$,则 $x_d=\delta_4^3$ 从初始状态序列 $\ltimes_{i=0}^2 x(i)=\delta_{16}^5$ 可达.

6.2.4 具有 μ 阶控制的 μ 阶布尔控制网络的可控性

我们前面已经讨论了高阶布尔网络的可控性. 但我们注意到,现实世

界中的控制也可能依赖于前 μ 个状态，接下来，我们讨论此种情况下的可控性问题.

考虑如下的 μ 阶布尔控制网络：

$$
\begin{cases}
A_1(t+1) = f_1(u_1(t-\mu+1), \cdots, u_m(t-\mu+1), \cdots, u_1(t), \cdots, u_m(t), \\
\qquad A_1(t-\mu+1), \cdots, A_n(t-\mu+1), \cdots, A_1(t), \cdots, A_n(t)), \\
A_2(t+1) = f_2(u_1(t-\mu+1), \cdots, u_m(t-\mu+1), \cdots, u_1(t), \cdots, u_m(t), \\
\qquad A_1(t-\mu+1), \cdots, A_n(t-\mu+1), \cdots, A_1(t), \cdots, A_n(t)), \\
\qquad \vdots \\
A_n(t+1) = f_n(u_1(t-\mu+1), \cdots, u_m(t-\mu+1), \cdots, u_1(t), \cdots, u_m(t), \\
\qquad A_1(t-\mu+1), \cdots, A_n(t-\mu+1), \cdots, A_1(t), \cdots, A_n(t)), \\
\qquad t \geqslant \mu-1.
\end{cases}
$$

$$(6-22)$$

我们定义 $x(t) = \ltimes_{i=1}^n A_i(t) \in \Delta_{2^n}$，$u(t) = \ltimes_{i=1}^m u_i(t) \in \Delta_{2^m}$，$z(t) = \ltimes_{i=t}^{t+\mu-1} x(i) \in \Delta_{2^{\mu n}}$，$v(t) = \ltimes_{i=t}^{t+\mu-1} u(i) \in \Delta_{2^{\mu m}}$. 由文献[54]，我们有

$$x(t+1) := \bar{L}_0 v(t-\mu+1) z(t-\mu+1),$$

其中 $\bar{L}_0 = M_1 \prod_{j=2}^n \left[(I_{2^{\mu(m+n)}} \otimes M_j) \Phi_{\mu(m+n)} \right].$

$$z(t+1) := L_1 v(t) z(t),$$

其中 $L_1 = (I_{2^{(\mu-1)n}} \otimes \bar{L}_0) W_{[2^{\mu m+n}, 2^{(\mu-1)n}]} (I_{2^{\mu m+n}} \otimes \Phi_{(\mu-1)n})$. 同时，由 $v(t) = \ltimes_{i=t}^{t+\mu-1} u(i)$，可以得到

$$v(t+1) = \ltimes_{i=t+1}^{t+\mu} u(i) = E_d \ltimes_{i=t}^{t+\mu} u(i) = E_d v(t) u(t+\mu).$$

注意到 $z(t+1) = L_1 v(t) z(t) = L_1 W_{[2^{\mu n}, 2^{\mu m}]} z(t) v(t) \triangleq \bar{L} z(t) v(t)$，我们可以将方程(6-22)转化为

$$\begin{cases} z(t+1) = \bar{L}\, z(t)v(t), \\ v(t+1) = E_d v(t)u(t+\mu). \end{cases} \qquad (6\text{-}23)$$

定理 6.12：考虑具有自由布尔序列控制的系统 $(6\text{-}22)$，或等价的系统 $(6\text{-}23)$. $x_d \sim X_d$ 为由从初始状态序列 $\ltimes_{i=0}^{\mu-1} x(i)$ 经 s 步可达的，当且仅当

$$x_d \in \mathrm{Col}\{E_d^{(\mu-1)n}\bar{L}_s \ltimes_{i=0}^{\mu-1} x(i)\},$$

其中

$$\bar{L}_s = \bar{L}^s (I_{2^{\mu(m+n)}} \bigotimes E_d)(I_{2^{\mu n}} \bigotimes \Phi_{\mu m})(I_{2^{\mu(m+n)+m}} \bigotimes E_d^2)(I_{2^{\mu n}} \bigotimes \Phi_{\mu m+m}) \cdots$$

$$(I_{2^{\mu(m+n)+(s-2)m}} \bigotimes E_d^{s-1})(I_{2^{\mu n}} \bigotimes \Phi_{\mu m+(s-2)m}).$$

证明　通过计算，我们有

$z(1) = \bar{L}\, z(0)v(0) = \bar{L}_1 z(0)v(0),$

$z(2) = \bar{L}\, z(1)v(1) = \bar{L}^2 z(0)v(0)E_d v(0)u(\mu)$

$\quad = \bar{L}^2 (I_{2^{\mu(m+n)}} \bigotimes E_d)z(0)\Phi_{\mu m}v(0)u(\mu)$

$\quad = \bar{L}^2 (I_{2^{\mu(m+n)}} \bigotimes E_d)(I_{2^{\mu n}} \bigotimes \Phi_{\mu m})z(0)v(0)u(\mu)$

$\quad = \bar{L}_2 z(0)v(0)u(\mu),$

$z(3) = \bar{L}\, z(2)v(2)$

$\quad = \bar{L}^3 (I_{2^{\mu(m+n)}} \bigotimes E_d)(I_{2^{\mu n}} \bigotimes \Phi_{\mu m})z(0)v(0)u(\mu)E_d^2 v(0)u(\mu)u(\mu+1)$

$\quad = \bar{L}^3 (I_{2^{\mu(m+n)}} \bigotimes E_d)(I_{2^{\mu n}} \bigotimes \Phi_{\mu m})(I_{2^{\mu(m+n)+m}} \bigotimes$

$\quad\quad E_d^2)z(0)\Phi_{\mu m+m}v(0)u(\mu)u(\mu+1)$

$\quad = \bar{L}^3 (I_{2^{\mu(m+n)}} \bigotimes E_d)(I_{2^{\mu n}} \bigotimes \Phi_{\mu m})(I_{2^{\mu(m+n)+m}} \bigotimes E_d^2)(I_{2^{\mu n}} \bigotimes$

$\quad\quad \Phi_{\mu m+m})z(0)v(0)u(\mu)u(\mu+1)$

$\quad = \bar{L}_3 z(0)v(0)u(\mu)u(\mu+1),$

$\vdots$

由数学归纳法，可以得到

$$z(s) = \bar{L}^s (I_{2^{u(m+n)}} \otimes E_d)(I_{2^{um}} \otimes \Phi_{\mu m})(I_{2^{u(m+n)+m}} \otimes E_d^2)(I_{2^{um}} \otimes \Phi_{\mu m+m}) \cdots$$

$$(I_{2^{u(m+n)+(s-2)m}} \otimes E_d^{s-1})(I_{2^{um}} \otimes \Phi_{\mu m+(s-2)m}) z(0)v(0)u(\mu) \cdots u(\mu+s-2)$$

$$= \bar{L}_s z(0)v(0)u(\mu) \cdots u(\mu+s-2).$$

在上述等式的左右两端分别乘以 $E_d^{(\mu-1)n}$，并且注意到 $E_d^{(\mu-1)n} z(s) = x(s+\mu-1)$，有

$$x(s+\mu-1) = E_d^{(\mu-1)n} \bar{L}_s z(0)v(0)u(\mu) \cdots u(s+\mu-2)$$

$$= E_d^{(\mu-1)n} \bar{L}_s \ltimes_{i=0}^{\mu-1} x(i) u(0) \cdots u(s+\mu-2).$$

我们注意到 $E_d^{(\mu-1)n} \bar{L}_s \ltimes_{i=0}^{\mu-1} x(i) \in \mathscr{L}_{2^n \times 2^{(s+\mu-1)m}}$，$u(0) \cdots u(s+\mu-2) \in \Delta_{2^{(s+\mu-1)m}}$，这意味着 $x_d = x(s+\mu-1)$，当且仅当

$$x_d \in \mathrm{Col}\{E_d^{(\mu-1)n} \bar{L}_s \ltimes_{i=0}^{\mu-1} x(i)\}. \qquad \square$$

6.2.5 数值例子

例 6.8： 重新考虑具有控制的例子(6.4)如下：

$$\begin{cases} A(t+1) = u(t-2) \vee (\neg(A(t-2) \wedge B(t-1))), \\ B(t+1) = u(t-2) \wedge (\neg(A(t-1) \wedge B(t-2))), \end{cases}$$

其中 $u \in \mathscr{D}$。

令 $x(t) = A(t)B(t)$，我们有

$$x(t+1) = A(t+1)B(t+1)$$

$$= M_d(I_2 \otimes M_n M_c)(I_8 \otimes M_c)(I_{16} \otimes M_n M_c)(I_2 \otimes W_{[2,4]})\Phi_1$$

$$(I_4 \otimes W_{[2,4]})(I_8 \otimes W_{[2]})(I_8 \otimes E_d^2 W_{[4,4]})u(t-2)$$

$$x(t-2)x(t-1)x(t)$$

$$\triangleq L_0 u(t-2)x(t-2)x(t-1)x(t).$$

令 $z(t) = x(t)x(t+1)x(t+2)$，可以得到

$$z(t) = x(t+1)x(t+2)x(t+3)$$
$$= x(t+1)x(t+2)L_0 u(t)x(t)x(t+1)x(t+2)$$
$$= (I_{16} \otimes L_0)W_{[8, 16]}(I_8 \otimes \Phi_4)u(t)z(t)$$
$$\triangleq Lu(t)z(t).$$

通过计算,我们有

$$z(t+1) = Lu(t)z(t) = LW_{[64, 2]}z(t)u(t) \triangleq \widetilde{L} z(t)u(t).$$

假设 $\ltimes_{i=0}^{\mu-1} x(i) = \delta_{64}^4$, $s = 3$, $x_d = \delta_4^2$,通过计算,可以得到

$$\mathrm{Col}\{E_d^{(\mu-1)n}\widetilde{L}^3 x(0)\} = \{\delta_4^1, \delta_4^2\}.$$

由定理 6.7,我们可以看到 x_d 可以由初始状态序列 $\ltimes_{i=0}^{\mu-1} x(i) = \delta_{64}^4$ 经 3 步可达.

通过计算,有

$$\mathrm{Col}\{\widetilde{L}^6 \ltimes_{i=0}^{\mu-1} x(i)\}$$
$$= \delta_{64}\{1, 2, 4, 5, 6, 8, 14, 16, 17, 18, 21, 22, 30, 53, 54, 61, 62\}$$
$$\subset \mathrm{Col}\{\widetilde{L}^s \ltimes_{i=0}^{\mu-1} x(i) \mid s = 1, 2, \cdots, 5\}$$
$$= \delta_{64}\{1, 2, 4, 5, 6, 8, 14, 16, 17, 18, 21, 22, 30, 49,$$
$$50, 53, 54, 61, 62\}.$$

因此,初始状态序列 $\ltimes_{i=0}^{\mu-1} x(0) = \delta_{64}^4$ 的所有可达集为 $R(\delta_{64}^4) = \bigcup_{j=1}^{5} \mathrm{Col}\{E_d^{(\mu-1)n}\widetilde{L}^j \ltimes_{i=0}^{\mu-1} x(i)\}$.

通过计算,可以得到 $R(\delta_{64}^4) = \{\delta_4^1, \delta_4^2, \delta_4^4\}$.

例 6.9:重新考虑具有控制的例子(6.4)如下:

$$\begin{cases} A(t+1) = u(t-2) \leftrightarrow (\neg(A(t-2) \wedge B(t-1))), \\ B(t+1) = u(t-2) \wedge (\neg(A(t-1) \wedge B(t-2))). \end{cases}$$
$$u(t+1) = \neg u(t).$$

类似于例子 6.8,我们有

$$
\begin{cases}
z(t+1) = Lu(t)z(t), \\
u(t+1) = Gu(t).
\end{cases}
$$

假设其初始状态为 $\ltimes_{i=0}^{2} x(i) = \delta_{64}^{1}$ 以及 $u_0 = \delta_2^1$. 我们要找到初始状态序列 $\ltimes_{i=0}^{2} x(i) = \delta_{64}^{1}$ 的所有的可达集. 我们发现 G 为非奇异的,因此可以找到 $l = 2$,使得 $G^2 u_0 \equiv u_0$. 构造映射 $\Psi := LGu(0)Lu(0)$,可得,存在一个最小的正整数 $k = 5$,使得 $\Psi^5 z(0) = \Psi^4 z(0) = \delta_{64}^{52}$,则由定理 6.10,有初始状态的所有的可达集为 $R_{u_0} = \bigcup_{i=1}^{10} \{ E_d^{(\mu-1)n} \Theta^G(i) u(0) z(0) \} = \{ \delta_4^1, \delta_4^2, \delta_4^3, \delta_4^4 \} = \Delta_{2^n} = \Delta_4$.

6.3 具有变时滞的布尔网络的可控性与最优控制问题

本小节我们考虑具有变时滞的布尔网络的分析与控制问题. 系统描述如下:

$$
\begin{cases}
A_1(t+1) = f_1^t(A_1(t), \cdots, A_n(t), A_1(t-1), \cdots, A_n(t-1), \cdots, \\
\qquad\qquad A_1(t-\tau(t)), \cdots, A_n(t-\tau(t))), \\
A_2(t+1) = f_2^t(A_1(t), \cdots, A_n(t), A_1(t-1), \cdots, A_n(t-1), \cdots, \\
\qquad\qquad A_1(t-\tau(t)), \cdots, A_n(t-\tau(t))), \\
\qquad\qquad \vdots \\
A_n(t+1) = f_n^t(A_1(t), \cdots, A_n(t), A_1(t-1), \cdots, A_n(t-1), \cdots, \\
\qquad\qquad A_1(t-\tau(t)), \cdots, A_n(t-\tau(t))),
\end{cases}
$$

$$(6-24)$$

其中 $\tau(t)$ 为时变的整数时滞,并且存在最小的正整数 τ,使得 $\max_{t \geqslant 0}\{\tau(t)\} \leqslant$ $\tau < +\infty$, $t = 0, 1, \cdots$.

接下来,我们考虑具有变时滞的布尔控制网络:

$$\begin{cases} A_1(t+1) = f_1^t(u_1(t), \cdots, u_m(t), A_1(t), \cdots, A_n(t), A_1(t-1), \cdots, \\ \qquad\qquad A_n(t-1), \cdots, A_1(t-\tau(t)), \cdots, A_n(t-\tau(t))), \\ A_2(t+1) = f_2^t(u_1(t), \cdots, u_m(t), A_1(t), \cdots, A_n(t), A_1(t-1), \cdots, \\ \qquad\qquad A_n(t-1), \cdots, A_1(t-\tau(t)), \cdots, A_n(t-\tau(t))), \\ \qquad\qquad \vdots \\ A_n(t+1) = f_n^t(u_1(t), \cdots, u_m(t), A_1(t), \cdots, A_n(t), A_1(t-1), \cdots, \\ \qquad\qquad A_n(t-1), \cdots, A_1(t-\tau(t)), \cdots, A_n(t-\tau(t))), \end{cases}$$

$$(6-25)$$

其中 u_i 为控制(或输入),$u_i \in \Delta$, $i = 1, \cdots, m$.

为了将系统(6-25)转化为代数形式,我们定义 $x(t) = \ltimes_{i=1}^n A_i(t) \in$ Δ_{2^n}, $u(t) = \ltimes_{i=1}^m u_i(t) \in \Delta_{2^m}$. 假设 f_i^t 的结构矩阵为 $M_i^t \in \mathcal{L}_{2 \times 2^{m+n(\tau(t)+1)}}$,我们可以将(6-25)表示为

$$A_i(t+1) = M_i^t u(t) x(t) x(t-1) \cdots x(t-\tau(t)), \; i = 1, 2, \cdots.$$

$$(6-26)$$

将方程(6-26)的左右两端左右相乘可以得到

$$\begin{aligned} x(t+1) &= A_1(t+1) A_2(t+1) \cdots A_n(t+1) \\ &= M_1^t \prod_{i=2}^n \left[(I_{2^{m+n(\tau(t)+1)}} \bigotimes M_i^t) \Phi_{m+n(\tau(t)+1)} \right] u(t) x(t) x(t-1) \cdots x(t-\tau(t)) \\ &\triangleq \widetilde{L}_t u(t) x(t) x(t-1) \cdots x(t-\tau(t)). \end{aligned}$$

令 $z(t) = \ltimes_{i=0}^{\tau} z_i(t)$,其中 $z_0(t) = x(t)$, $z_1(t) = x(t-1)$, $\cdots$, $z_{\tau(t)}(t) = x(t-\tau(t))$,我们有

$$x(t+1) = \widetilde{L}_t u(t) x(t) x(t-1) \cdots x(t-\tau(t))$$

$$= \widetilde{L}_t u(t) E_d^{n(\tau-\tau(t))} W_{[2^{n(\tau(t)+1)}, 2^{n(\tau-\tau(t))}]} z(t)$$

$$= \widetilde{L}_t (I_{2^m} \bigotimes E_d^{n(\tau-\tau(t))} W_{[2^{n(\tau(t)+1)}, 2^{n(\tau-\tau(t))}]}) u(t) z(t)$$

$$\triangleq \bar{L}_t u(t) z(t),$$

$$z(t+1) = \ltimes_{i=0}^{\tau} z_i(t+1) = x(t+1) x(t) \cdots x(t-\tau+1)$$

$$= \bar{L}_t u(t) z(t) x(t) \cdots x(t-\tau+1)$$

$$= \bar{L}_t u(t) W_{[2^{n\tau}, 2^{n(\tau+1)}]} (x(t) \cdots x(t-\tau+1))^2 x(t-\tau)$$

$$= \bar{L}_t u(t) W_{[2^{n\tau}, 2^{n(\tau+1)}]} \Phi_{n\tau} z(t)$$

$$= \bar{L}_t (I_{2^m} \bigotimes W_{[2^{n\tau}, 2^{n(\tau+1)}]} \Phi_{n\tau}) u(t) z(t)$$

$$\triangleq L_t u(t) z(t).$$

6.3.1 具有变时滞的布尔网络的可控性

本小节,我们考虑系统(6-25)的可控性.不失一般性,我们假设系统(6-25)的初始状态为 $\ltimes_{i=0}^{\tau} x(-i) = \delta_{2^{n(\tau+1)}}^j$,并且令 $X = (A_1, \cdots, A_n)^{\mathrm{T}}$.

定义 6.6:考虑系统(6-25),给定其初始状态序列 $x(0) \in \Delta_{2^n} \sim X(0) \in \mathscr{D}_n, \cdots, x(-\tau) \in \Delta_{2^n} \sim X(-\tau) \in \mathscr{D}_n$,目标状态 $x_d \in \Delta_{2^n} \sim X_d \in \mathscr{D}_n$. 如果对初始状态序列 $\ltimes_{i=0}^{\tau} x(-i)$,存在控制序列 $\{u(0), \cdots, u(s-1)\}$,有 $x_d = x(u, s)$,则称 x_d 为由初始状态序列 $\ltimes_{i=0}^{\tau} x(-i)$ 从时刻 0 出发经 s 步可达的.

定义 6.7:(1) 考虑系统(6-25),由初始状态序列 $\ltimes_{i=0}^{\tau} x(-i)$ 从时刻 0 经 s 步可达的集合记为 $R_{s,0}(\ltimes_{i=0}^{\tau} x(-i))$.

(2) 由初始状态序列 $\ltimes_{i=0}^{\tau} x(-i)$ 从时刻 0 出发的所有可达的集合记为 $R_0(\ltimes_{i=0}^{\tau} x(-i))$.

定义 6.8:(1) 考虑系统(6-25),如果对给定的初始状态序列 $\ltimes_{i=0}^{\tau} x(-i)$ 有 $R_0(\ltimes_{i=0}^{\tau} x(-i)) = \Delta_{2^n}$,则称系统(6-25)为由初始状态序列

$\ltimes_{i=0}^{\tau} x(-i)$ 从时刻 0 出发可控的.

（2）如果对任意的初始状态序列 $\ltimes_{i=0}^{\tau} x(-i)$，$i=1,2,\cdots,2^n$ 有 $R_0(\ltimes_{i=0}^{\tau} x(-i)) = \Delta_{2^n}$，则称系统(6-25)为从时刻 0 出发可控的.

我们首先考虑系统(6-25)在两类控制下的可控性.

（I）控制为布尔网络. 由矩阵的半张量积的性质，可以将其转化为

$$u(t+1) = Gu(t),\qquad (6-27)$$

其中 G 为状态转移矩阵.

（II）控制为自由的布尔变量序列. 令其为 $u(t) = \ltimes_{j=1}^{m} u_j(t)$.

我们首先考虑情形(I). 我们可以将(6-25),(6-27)表示为

$$\begin{cases} z(t+1) = L_t u(t) z(t), \\ u(t+1) = Gu(t). \end{cases} \qquad (6-28)$$

定理 6.13: 考虑具有控制(6-27)的系统(6-25),等价地为(6-28),我们有

(i) $x_d = \delta_{2^n}^i$ 为由初始状态序列 $\ltimes_{i=0}^{\tau} x(-i) = \delta_{2^{n(\tau+1)}}^j$ 从时刻 0 出发经 s 步可达的,当且仅当

$$\left(E_d^{n\tau} W_{[2^n,2^{n\tau}]} \sum_{i_0=1}^{2^m} \prod_{t=s-1}^{0} \mathrm{Blk}_{i_0}(L_t G^t)\right)_{i,j} > 0.$$

(ii) $x_d = \delta_{2^n}^i$ 为由初始状态序列 $\ltimes_{i=0}^{\tau} x(-i) = \delta_{2^{n(\tau+1)}}^j$ 从时刻 0 出发可达的,当且仅当存在正整数 N,使得

$$\left(E_d^{n\tau} W_{[2^n,2^{n\tau}]} \sum_{i_0=1}^{2^m} \prod_{t=N-1}^{0} \mathrm{Blk}_{i_0}(L_t G^t)\right)_{i,j} > 0.$$

(iii) 系统(6-28)为由初始状态序列 $\ltimes_{i=0}^{\tau} x(-i) = \delta_{2^{n(\tau+1)}}^j$ 从时刻 0 出发可控的,当且仅当存在正整数 N,使得

$$\mathrm{Col}_j\left(E_d^{n\tau} W_{[2^n,2^{n\tau}]} \sum_{k=1}^{N}\sum_{i_0=1}^{2^m} \prod_{t=k-1}^{0} \mathrm{Blk}_{i_0}(L_t G^t)\right)_{i,j} > 0.$$

（iv）系统(6-28)为从时刻 0 出发可控的，当且仅当存在正整数 N，使得

$$E_d^{n\tau} W_{[2^n, 2^{n\tau}]} \sum_{k=1}^{N} \sum_{i_0=1}^{2^m} \prod_{t=k-1}^{0} \mathrm{Blk}_{i_0}(L_t G^t) > 0.$$

证明 （I）假设 $u(0) = \delta_{2^m}^{i_0}$，通过计算，我们有

$$z(1) = L_0 u(0) z(0) = L_0 \delta_{2^m}^{i_0} z(0) = \mathrm{Blk}_{i_0}(L_0) z(0),$$

$$z(2) = L_1 u(1) z(1) = L_1 G u(0) z(1) = \mathrm{Blk}_{i_0}(L_1 G) \mathrm{Blk}_{i_0}(L_0) z(0)$$

$$= \prod_{t=1}^{0} \mathrm{Blk}_{i_0}(L_t G^t) z(0),$$

$$z(3) = L_2 u(2) z(2) = L_2 G^2 u(0) z(2) = \mathrm{Blk}_{i_0}(L_2 G^2) \prod_{t=1}^{0} \mathrm{Blk}_{i_0}(L_t G^t) z$$

$$= \prod_{t=2}^{0} \mathrm{Blk}_{i_0}(L_t G^t) z(0),$$

$$\vdots$$

$$z(s) = \prod_{t=s-1}^{0} \mathrm{Blk}_{i_0}(L_t G^t) z(0).$$

由 $z(s) = \ltimes_{i=0}^{\tau} z_i(s)$，可得

$$x(s) = z_0(s) = E_d^{n\tau} W_{[2^n, 2^{n\tau}]} z(s)$$

$$= E_d^{n\tau} W_{[2^n, 2^{n\tau}]} \prod_{t=s-1}^{0} \mathrm{Blk}_{i_0}(L_t G^t) z(0)$$

$$= E_d^{n\tau} W_{[2^n, 2^{n\tau}]} \prod_{t=s-1}^{0} \mathrm{Blk}_{i_0}(L_t G^t) \delta_{2^{n(\tau+1)}}^{j}$$

$$= \mathrm{Col}_j\left(E_d^{n\tau} W_{[2^n, 2^{n\tau}]} \prod_{t=s-1}^{0} \mathrm{Blk}_{i_0}(L_t G^t)\right).$$

由上述的等式，我们可以得到 $R_{s,0}(\delta_{2^{n(\tau+1)}}^{j})$ 中的所有元素的和为

$$\sum_{i_0=1}^{2^m} E_d^{n\tau} W_{[2^n, 2^{n\tau}]} \prod_{t=s-1}^{0} \mathrm{Blk}_{i_0}(L_t G^t) \delta_{2^{n(\tau+1)}}^{j}$$

$$= E_d^{n\tau} W_{[2^n, 2^{n\tau}]} \sum_{i_0=1}^{2^m} \prod_{t=s-1}^{0} \mathrm{Blk}_{i_0}(L_t G^t) \delta_{2^{n(\tau+1)}}^j$$

$$= \mathrm{Col}_j \left(E_d^{n\tau} W_{[2^n, 2^{n\tau}]} \sum_{i_0=1}^{2^m} \prod_{t=s-1}^{0} \mathrm{Blk}_{i_0}(L_t G^t) \right).$$

上述等式意味着 $x_d = \delta_{2^n}^i$ 为由初始状态序列 $\ltimes_{i=0}^{\tau} x(-i) = \delta_{2^{n(\tau+1)}}^j$ 从时刻 0 出发经 s 步可达的，当且仅当

$$\left(E_d^{n\tau} W_{[2^n, 2^{n\tau}]} \sum_{i_0=1}^{2^m} \prod_{t=s-1}^{0} \mathrm{Blk}_{i_0}(L_t G^t) \right)_{i,j} > 0.$$

类似地，可以得到(ii)、(iii)、(iv)的结论.　　　　　$\square$

（II）控制为自由的布尔变量序列.

定理 6.14： 考虑具有自由的布尔变量序列控制的系统(6-25)，我们有

(i) $x_d = \delta_{2^n}^i$ 为由 $\ltimes_{i=0}^{\tau} x(-i) = \delta_{2^{n(\tau+1)}}^j$ 从时刻 0 出发经 s 步可达的，当且仅当

$$\left(E_d^{n\tau} W_{[2^n, 2^{n\tau}]} \prod_{t=s-1}^{0} \sum_{i_t=1}^{2^m} \mathrm{Blk}_{i_t}(L_t) \right)_{i,j} > 0.$$

(ii) $x_d = \delta_{2^n}^i$ 为由初始状态序列 $\ltimes_{i=0}^{\tau} x(-i) = \delta_{2^{n(\tau+1)}}^j$ 从时刻 0 出发可控的，当且仅当存在正的整数 N，使得

$$\left(E_d^{n\tau} W_{[2^n, 2^{n\tau}]} \prod_{t=N-1}^{0} \sum_{i_t=1}^{2^m} \mathrm{Blk}_{i_t}(L_t) \right)_{i,j} > 0.$$

(iii) 系统(6-25)为由初始状态序列 $\ltimes_{i=0}^{\tau} x(-i) = \delta_{2^{n(\tau+1)}}^j$ 从时刻 0 出发可控的，当且仅当存在正的整数 N，使得

$$\mathrm{Col}_j \left(E_d^{n\tau} W_{[2^n, 2^{n\tau}]} \sum_{k=1}^{N} \prod_{t=k-1}^{0} \sum_{i_t=1}^{2^m} \mathrm{Blk}_{i_t}(L_t) \right) > 0.$$

(iv) 系统(6-25)为从时刻 0 出发可控的，当且仅当存在正的整数 N，使得

$$E_d^{n\tau} W_{[2^n,\,2^{n\tau}]} \sum_{k=1}^{N} \prod_{t=k-1}^{0} \sum_{i_t=1}^{2^m} \mathrm{Blk}_{i_t}(L_t) > 0.$$

证明 假设 $u(t) = \delta_{2^m}^{i}$，通过计算，我们有

$$z(1) = L_0 u(0) z(0) = L_0 \delta_{2^m}^{i_0} z(0) = \mathrm{Blk}_{i_0}(L_0) z(0),$$

$$z(2) = L_1 u(1) z(1) = L_1 \delta_{2^m}^{i_1} \mathrm{Blk}_{i_0}(L_0) z(0) = \mathrm{Blk}_{i_1}(L_1) \mathrm{Blk}_{i_0}(L_0) z(0)$$

$$= \prod_{t=1}^{0} \mathrm{Blk}_{i_t}(L_t) z(0),$$

$$z(3) = L_2 u(2) z(2) = L_2 \delta_{2^m}^{i_2} z(2) = \mathrm{Blk}_{i_2}(L_2) \prod_{t=1}^{0} \mathrm{Blk}_{i_t}(L_t) z(0)$$

$$= \prod_{t=2}^{0} \mathrm{Blk}_{i_t}(L_t) z(0),$$

$$\vdots$$

$$z(s) = \prod_{t=s-1}^{0} \mathrm{Blk}_{i_t}(L_t) z(0).$$

由 $z(s) = \ltimes_{i=0}^{\tau} z_i(s)$，可以得到

$$x(s) = z_0(s) = E_d^{n\tau} W_{[2^n,\,2^{n\tau}]} z(s) = E_d^{n\tau} W_{[2^n,\,2^{n\tau}]} \prod_{t=s-1}^{0} \mathrm{Blk}_{i_t}(L_t) z(0)$$

$$= E_d^{n\tau} W_{[2^n,\,2^{n\tau}]} \prod_{t=s-1}^{0} \mathrm{Blk}_{i_t}(L_t) \delta_{2^{n(\tau+1)}}^{j} = \mathrm{Col}_j \left(E_d^{n\tau} W_{[2^n,\,2^{n\tau}]} \prod_{t=s-1}^{0} \mathrm{Blk}_{i_t}(L_t) \right).$$

由上述等式，我们可以得到 $R_{s,\,0}(\delta_{2^{n(\tau+1)}}^{j})$ 的所有元素的和为

$$\sum_{i_0=1}^{2^m} \sum_{i_1=1}^{2^m} \cdots \sum_{i_{s-1}=1}^{2^m} E_d^{n\tau} W_{[2^n,\,2^{n\tau}]} \prod_{t=s-1}^{0} \mathrm{Blk}_{i_t}(L_t) \delta_{2^{n(\tau+1)}}^{j}$$

$$= E_d^{n\tau} W_{[2^n,\,2^{n\tau}]} \sum_{i_0=1}^{2^m} \sum_{i_1=1}^{2^m} \cdots \sum_{i_{s-1}=1}^{2^m} \prod_{t=s-1}^{0} \mathrm{Blk}_{i_t}(L_t) \delta_{2^{n(\tau+1)}}^{j}$$

$$= E_d^{n\tau} W_{[2^n,\,2^{n\tau}]} \prod_{t=s-1}^{0} \sum_{i_t=1}^{2^m} \mathrm{Blk}_{i_t}(L_t) \delta_{2^{n(\tau+1)}}^{j}$$

$$= \text{Col}_j \Big(E_d^{n\tau} W_{[2^n, 2^{n\tau}]} \prod_{t=s-1}^{0} \sum_{i_t=1}^{2^m} \text{Blk}_{i_t}(L_t) \Big).$$

上述等式意味着目标状态 $x_d = \delta_{2^n}^i$ 为由 $\ltimes_{i=0}^\tau x(-i) = \delta_{2^{n(\tau+1)}}^j$ 从时刻 0 出发经 s 步可达的,当且仅当

$$\Big(E_d^{n\tau} W_{[2^n, 2^{n\tau}]} \prod_{t=s-1}^{0} \sum_{i_t=1}^{2^m} \text{Blk}_{i_t}(L_t) \Big)_{i, j} > 0.$$

类似地,可以得出(ii),(iii),(iv)的结论成立。　　　　　□

6.3.2　具有变时滞的布尔网络的 Maye 型最优控制问题

本小节,我们考虑具有变时滞的布尔网络的 Mayer 型最优控制问题. 我们要设计控制策略使得给定的目标函数的值最大(或者最小).

给定向量 $r \in R^{2^n}$,考虑如下的目标函数[46],

$$J(u) = r^{\mathrm{T}} x(N; u),$$

其中 N 为最终的时间. 由 $r \in R^{2^n}$, $x(N; u) \in \Delta_{2^n}$ 可以得到,$J(u)$ 的最大值(最小值)即为 $r^{\mathrm{T}} = [r_1, r_2, \cdots, r_{2^n}]^{\mathrm{T}}$ 中元素的最大值(最小值).

本节,我们只考虑控制为自由的布尔变量序列控制的这种情况.

情形(a). 给定初始状态序列 $\delta_{2^{n(\tau+1)}}^j$,我们想要找到控制序列 $\{u(0), \cdots, u(s-1)\}$ 使得目标函数 $J(u) = r^{\mathrm{T}} x(t; u)$ 的值在时刻 $t = s$ 最大或者最小,其中 $s > 1$ 为固定的最终时刻.

算法 3.1:

步骤 1. 在限制 $x(s) \in R_{s, 0}(\delta_{2^{n(\tau+1)}}^j)$ 下最小化(或者最大化)目标函数 $J(u)$ 得到 J^* 的最小值(或者最大值),并且得到相应的 $x(s) = \delta_{2^n}^i$.

步骤 2. 如果 $s = 1$,找到 i_0 使得 $(E_d^{n\tau} W_{[2^n, 2^{n\tau}]} \text{Blk}_{i_0}(L_0))_{i, j} > 0$. 令 $u(0) = \delta_{2^m}^{i_0}$,停止;否则找到 k,使得 $(E_d^{n\tau} W_{[2^n, 2^{n\tau}]} \text{Blk}_{i_{s-1}}(L_{s-1}))_{i, k} > 0$,

$$\Big(\prod_{t=s-2}^{0}\sum_{i_t=1}^{2^m}\mathrm{Blk}_{i_t}(L_t)\Big)_{k,j}>0.$$ 令 $u(s-1)=\delta_{2^m}^{i_{s-1}}$ 以及 $x(s-1)=E_d^{n\tau}W_{[2^n,2^{n\tau}]}$
$\delta_{2^{(n+1)\tau}}^{k}\triangleq\delta_{2^n}^{k_{s-1}}$.

步骤 3. 如果 $s-1=1$，停止．否则，令 $s=s-1$ 以及 $i=k_{s-1}$（也就是以 $s-1$ 代替 s，以 k_{s-1} 代替 i）继续步骤 2.

注释 6.4： 基于定理 6.14，由算法 3.1 得到的控制序列 $\{u(0)，\cdots，u(s-1)\}$ 可以在给定时刻 $t=s$，在限制 $x(s)\in R_{s,0}(\delta_{2^{n(\tau+1)}}^{j})$ 下最小化（或者最大化）目标函数．

情形(b). 假设系统(6-25)为由初始状态序列 $\delta_{2^{n(\tau+1)}}^{j}$ 从时刻 0 出发可控的．我们想要设计控制策略在最短的时间最小化（或最大化）目标函数．

算法 3.2：

步骤 1. 最小化（或者最大化）目标函数 $J(u)$ 得到 J^* 的最小值或者最大值，得到相应的 $x(s)=\delta_{2^n}^{i}$.

步骤 2. 找到最小的 s，使得

$$\Big(E_d^{n\tau}W_{[2^n,2^{n\tau}]}\prod_{t=s-1}^{0}\sum_{i_t=1}^{2^m}\mathrm{Blk}_{i_t}(L_t)\Big)_{i,j}>0.$$

步骤 3. 如果 $s=1$，找到 i_0 使得 $(E_d^{n\tau}W_{[2^n,2^{n\tau}]}\mathrm{Blk}_{i_0}(L_0))_{i,j}>0$. 令 $u(0)=\delta_{2^m}^{i_0}$，停止；否则，找到 k，使得 $(E_d^{n\tau}W_{[2^n,2^{n\tau}]}\mathrm{Blk}_{i_{s-1}}(L_{s-1}))_{i,k}>0$，
$$\Big(\prod_{t=s-2}^{0}\sum_{i_t=1}^{2^m}\mathrm{Blk}_{i_t}(L_t)\Big)_{k,j}>0.$$ 令 $u(s-1)=\delta_{2^m}^{i_{s-1}}$ 以及 $x(s-1)=E_d^{n\tau}W_{[2^n,2^{n\tau}]}$
$\delta_{2^{(n+1)\tau}}^{k}\triangleq\delta_{2^n}^{k_{s-1}}$.

步骤 4. 如果 $s-1=1$，停止．否则，令 $s=s-1$ 以及 $i=k_{s-1}$（即以 $s-1$ 替换 s，以 k_{s-1} 替换 i）进行步骤 3.

6.3.3 数值例子

例 6.10： 考虑如下的具有变时滞的布尔网络，对 $t=0$，

$$\begin{cases} A(t+1) = u(t) \wedge (\neg(A(t-1) \wedge B(t-1))) \\ B(t+1) = u(t) \vee (\neg(A(t-1) \wedge B(t-1))). \end{cases}$$

对 $t > 0$,

$$\begin{cases} A(t+1) = u(t) \leftrightarrow (\neg(A(t-2) \wedge B(t-1))) \\ B(t+1) = u(t) \wedge (\neg(A(t-1) \wedge B(t-2))), \end{cases}$$

其中 $u(t) \in \Delta$.

令 $x(t) = A(t)B(t)$, $z(t) = x(t)x(t-1)x(t-2)$, 对 $t = 0$, 我们有

$$\begin{aligned} x(t+1) &= A(t+1)B(t+1) \\ &= M_c(I_2 \otimes M_n M_c)(I_8 \otimes M_d)(I_{16} \otimes M_n M_c)\Phi_3(I_2 \otimes E_d^1 W_{[16,4]}) \\ &\quad u(t)x(t)x(t-1)x(t-2) \\ &\triangleq \widetilde{L}_0 u(t)x(t)x(t-1)x(t-2), \end{aligned}$$

$$\begin{aligned} z(t+1) &= x(t+1)x(t)x(t-1) = L_0(I_{32} \otimes W_{[16,4]})(I_2 \otimes \Phi_4)u(t)z(t) \\ &\triangleq L_0 u(t)z(t), \end{aligned}$$

其中

$$\begin{aligned} L_0 = \delta_{64}[&33, 33, 33, 33, 2, 2, 2, 2, 3, 3, 3, 3, 4, 4, 4, 4, 37, 37, 37, \\ &37, 6, 6, 6, 6, 7, 7, 7, 7, 8, 8, 8, 8, 41, 41, 41, 41, 10, 10, \\ &10, 10, 11, 11, 11, 11, 12, 12, 12, 12, 45, 45, 45, 45, 14, \\ &14, 14, 15, 15, 15, 15, 16, 16, 16, 16, 49, 49, 49, 49, \\ &34, 34, 34, 34, 35, 35, 35, 35, 36, 36, 36, 36, 53, 53, 53, \\ &53, 38, 38, 38, 38, 39, 39, 39, 39, 40, 40, 40, 40, 57, 57, \\ &57, 57, 42, 42, 42, 42, 43, 43, 43, 43, 44, 44, 44, 44, 61, \\ &61, 61, 61, 46, 46, 46, 46, 47, 47, 47, 47, 48, 48, 48, 48]. \end{aligned}$$

对 $t > 0$, 可以得到

$$x(t+1) = A(t+1)B(t+1)$$

$$= M_e(I_2 \otimes M_n M_c)(I_8 \otimes M_c)(I_{16} \otimes M_n M_c)(I_2 \otimes W_{[2,4]})\Phi_1$$

$$(I_2 \otimes E_d^2)(I_8 \otimes W_{[2,4]})(I_{16} \otimes W_{[2]})u(t)x(t)x(t-1)x(t-2)$$

$$\triangleq \widetilde{L}_1 u(t)x(t)x(t-1)x(t-2),$$

$$z(t+1) = x(t+1)x(t)x(t-1)$$

$$= \widetilde{L}_1 u(t)x(t)x(t-1)x(t-2)x(t)x(t-1)$$

$$= \widetilde{L}_1(I_{32} \otimes W_{[16,4]})(I_2 \otimes \Phi_4)u(t)z(t)$$

$$\triangleq L_1 u(t)z(t),$$

其中

$$L_1 = \delta_{64}[49, 33, 17, 1, 18, 2, 18, 2, 35, 35, 3, 3, 4, 4, 4, 4, 53, 37,$$

$$21, 5, 22, 6, 22, 6, 39, 39, 7, 7, 8, 8, 8, 8, 57, 41, 25, 9,$$

$$26, 10, 26, 10, 43, 43, 11, 11, 12, 12, 12, 12, 61, 45, 29,$$

$$13, 30, 14, 30, 14, 47, 47, 15, 15, 16, 16, 16, 16, 12, 17,$$

$$49, 49, 50, 50, 50, 50, 19, 19, 51, 51, 52, 52, 52, 52, 21,$$

$$21, 53, 53, 54, 54, 54, 54, 23, 23, 55, 55, 56, 56, 56, 56,$$

$$25, 25, 57, 57, 58, 58, 58, 58, 27, 27, 59, 59, 60, 60, 60,$$

$$60, 29, 29, 61, 61, 62, 62, 62, 62, 31, 31, 63, 63, 64, 64,$$

$$64, 64].$$

假设初始状态为 δ_{64}^4,通过计算我们有

$$\mathrm{Col}_4 \left(E_d^4 W_{[4,16]} \sum_{k=1}^{3} \prod_{t=k-1}^{0} \sum_{i_t=1}^{2} \mathrm{Blk}_{i_t}(L_t) \right) > 0.$$

由定理 6.14 可知,该系统从初始状态 δ_{64}^4,时刻 0 出发可控的.

例 6.11: 考虑例子 6.10 中的系统. 假设目标函数为

$$J(u) = r^{\mathrm{T}} x(N, u),$$

其中 $r^{\mathrm{T}} = [4, 2, 5, 6]$. 我们想要找到最小的时间 s 使得目标函数最小.

由算法 3.2, 我们有如下算法:

步骤 1. 最小化目标函数 $J(u)$, 得到最小值 J^* 以及相应的 $x(s) = \delta_4^2$.

步骤 2. 找到最小的 $s = 2$ 使得 $\left(E_d^4 W_{[4,16]} \prod\limits_{t=1}^{0} \sum\limits_{i_t=1}^{2} \mathrm{Blk}_{i_t}(L_t) \right)_{2,4} > 0$.

步骤 3. 找到 $k = 33$ 使得 $(E_d^4 W_{[4,16]} \mathrm{Blk}_2(L_1))_{2,33} > 0$, $\left(\sum\limits_{i_t=1}^{2} \mathrm{Blk}_{i_t}(L_0) \right)_{33,4}$ > 0. 令 $u(1) = \delta_2^2$, $x(1) = E_d^4 W_{[4,16]} \delta_{64}^{33} = \delta_4^3$.

步骤 4. 找到 $i_0 = 1$ 使得 $(E_d^4 W_{[4,16]} \mathrm{Blk}_1(L_0))_{3,4} > 0$. 令 $u(0) = \delta_2^1$.

因此, 我们可以设计控制策略 $\{u(0) = \delta_2^1, u(1) = \delta_2^2\}$ 使得 δ_{64}^4 在最短的时间到达 δ_4^2 并且使目标函数最小.

本章部分结果来源于作者在学期间文献[5], [6], [11] 和 [12].

第 7 章

连续型基因调控系统的镇定问题

本章研究连续型基因调控系统的镇定问题,共分两节.7.1 节应用比较定理研究脉冲控制下的一类基因调控系统的镇定问题.7.2 节应用李雅普诺夫方法在脉冲切换控制下讨论乳糖操纵子的镇定问题.

7.1 一类连续型基因调控系统的镇定问题

本节考虑一类基因调控系统的镇定问题.

7.1.1 模型介绍与分析

本节考虑如下形式的基因调控系统 $\dot{y}(t) = Ay(t) + \sum_{i=1}^{l} B_i f_i(y(t))$,
其中 $y(t) = [y_1(t), y_2(t), \cdots, y_n(t)]^T \in R^n$ 表示蛋白质、RNAs 或化学复合物的浓度. A, B_i 为 $R^{n \times n}$ 的矩阵. $f_i(y(t)) = [f_{i1}(y_1(t)), f_{i2}(y_2(t)), \cdots, f_{in}(y_n(t))]^T$,并且 $f_{ij}(y_j(t))$ 通常为单调的 Michaelis - Menten 或 Hill 型的调控函数.

为了简单起见,本节考虑如下系统:

$$\dot{y}(t) = \Lambda y(t) + B_1 f_1(y(t)) + B_2 f_2(y(t)), \qquad (7-1)$$

其中 $f_1(y(t)) = [f_{11}(y_1(t)),\ f_{12}(y_2(t)),\ \cdots,\ f_{1n}(y_n(t))]^{\mathrm{T}}$, $f_{1j}(y_j(t))$ 为

Hill 形式, $f_{1j}(y_j(t)) = \dfrac{(y_j(t)/\beta_{1j})^{H_{1j}}}{1 + (y_j(t)/\beta_{1j})^{H_{1j}}}$, 并且 $f_2(y(t)) = [f_{21}(y_1(t)),$

$f_{22}(y_2(t)),\ \cdots,\ f_{2n}(y_n(t))]^{\mathrm{T}}$, $f_{2j}(y_j(t)) = \dfrac{1}{1 + (y_j(t)/\beta_{2j})^{H_{2j}}}$.

注释 7.1:考虑到基因调控系统 $(7-1)$ 的生物学意义,有 $y_j(t) > 0$,
$j = 1, 2, \cdots, n$. 因此本节假设存在常数 $a_j > 0$, $j = 1, 2, \cdots, n$,使得
$y_j(t) \geqslant a_j$.

在系统 $(7-1)$ 中,β_{1j},β_{2j} 为正的常数,H_{1j},H_{2j} 为 Hill 系数,并且满足
$H_{1j} > 0$,$H_{2j} > 0$,则 $f_{1j}(y_j(t))$ 为单调递增的,$f_{2j}(y_j(t))$ 为单调递减的.

因为

$$
\begin{aligned}
f_{2j}(y_j(t)) &= \frac{1}{1 + (y_j(t)/\beta_{2j})^{H_{2j}}} = 1 - \frac{(y_j(t)/\beta_{2j})^{H_{2j}}}{1 + (y_j(t)/\beta_{2j})^{H_{2j}}} \\
&\triangleq 1 - g_j(y_j(t)),
\end{aligned}
$$

令 $f(.) = f_1(.)$, $g(y(t)) = [g_1(y_1(t)),\ g_2(y_2(t)),\ \cdots,\ g_n(y_n(t))]^{\mathrm{T}}$,
我们可以将方程 $(7-1)$ 重新写为

$$\dot{y}(t) = Ay(t) + B_1 f(y(t)) - B_2 g(y(t)) + B_2[1, 1, \cdots, 1]^{\mathrm{T}}.$$

$$(7-2)$$

假设 $y^* = [y_1^*,\ y_2^*,\ \cdots,\ y_n^*]^{\mathrm{T}}$ 为 $(7-2)$ 的平衡点,则有

$$Ay^* + B_1 f(y^*) - B_2 g(y^*) + B_2[1, 1, \cdots, 1]^{\mathrm{T}} = 0.$$

令 $x = y - y^*$,则

$$\dot{x}(t) = Ay(t) + B_1 f(y(t)) - B_2 g(y(t)) + B_2 [1, 1, \cdots, 1]^{\mathrm{T}}$$
$$- Ay^* - B_1 f(y^*) + B_2 g(y^*) - B_2 [1, 1, \cdots, 1]^{\mathrm{T}}$$
$$= Ay(t) + B_1 f(x(t) + y^*) - B_2 g(x(t) + y^*) - Ay^* \quad (7-3)$$
$$- B_1 f(y^*) + B_2 g(y^*)$$
$$= Ax(t) + B_1 F(x(t)) - B_2 G(x(t)),$$

其中

$$F(x(t)) = f(x(t) + y^*) - f(y^*) \triangleq [F_1(x_1), F_2(x_2), \cdots, F_n(x_n)],$$

$$G(x(t)) = g(x(t) + y^*) - g(y^*) \triangleq [G_1(x_1), G_2(x_2), \cdots, G_n(x_n)].$$

因此,具有外部控制的非线性系统(7-3)可以描述如下

$$\dot{x}(t) = Ax(t) + B_1 F(x(t)) - B_2 G(x(t)) + u(t, x),$$

其中 $u(t, x) = \sum_{i=1}^{\infty} Cx(t)\delta(t - \tau_i)$ 为控制输入. 这意味着

$$x(\tau_i + h) - x(\tau_i) = \int_{\tau_i}^{\tau_i + h} [Ax(s) + B_1 F(x(s)) - B_2 G(x(s)) + u(t, s)] ds,$$

其中 $h > 0$ 充分小. 当 $h \to 0^+$, 有 $\Delta x(t)|_{\tau_i} = x(\tau_i^+) - x(\tau_i) = Cx$. 相应地,

在控制 $u(t, x) = \sum_{i=1}^{\infty} Cx(t)\delta(t - \tau_i)$ 下, 非线性系统(7-3)变为

$$\begin{cases} \dot{x}(t) = Ax(t) + B_1 F(x(t)) - B_2 G(x(t)), & t \neq \tau_i \\ \Delta x(t) = x(t^+) - x(t^-) = x(t^+) - x(t) = Cx, & (7-4) \\ t = \tau_i, i = 1, 2, \cdots. \end{cases}$$

引理 7.1: 存在常数 $k_1 > 0$, $k_2 > 0$, 使得

$$0 \leqslant \frac{F_j(x_j)}{x_j} \leqslant k_1, \quad (7-5)$$

$$0 \leqslant \frac{G_j(x_j)}{x_j} \leqslant k_2. \tag{7-6}$$

证明　由 F 的定义,我们有

$$
\frac{F_j(x_j)}{x_j} = \frac{\dfrac{[(x_j + y_j^*)/\beta_{1j}]^{H_{1j}}}{1 + [(x_j + y_j^*)/\beta_{1j}]^{H_{1j}}} - \dfrac{(y_j^*/\beta_{1j})^{H_{1j}}}{1 + (y_j^*/\beta_{1j})^{H_{1j}}}}{x_j}
$$

$$
= \frac{[(x_j + y_j^*)^{H_{1j}} - (y_j^*)^{H_{1j}}]\beta_{1j}^{H_{1j}}}{[\beta_{1j}^{H_{1j}} + (x_j + y_j^*)^{H_{1j}}][\beta_{1j}^{H_{1j}} + (y_j^*)^{H_{1j}}]x_j}
$$

$$
= \frac{\beta_{1j}^{H_{1j}} H_{1j}[y_j^* + \theta x_j]^{H_{1j}-1}}{[\beta_{1j}^{H_{1j}} + (x_j + y_j^*)^{H_{1j}}][\beta_{1j}^{H_{1j}} + (y_j^*)^{H_{1j}}]} > 0, \ (0 < \theta < 1).
$$

情形 (I). 对 $H_{1j} \geqslant 1$,

(a) 如果 $0 < y_j^* + \theta x - j \leqslant 1$, 则

$$
\frac{F_j(x_j)}{x_j} \leqslant \frac{\beta_{1j}^{H_{1j}} H_{1j}}{[\beta_{1j}^{H_{1j}} + (x_j + y_j^*)^{H_{1j}}][\beta_{1j}^{H_{1j}} + (y_j^*)^{H_{1j}}]}
$$

$$
\leqslant \frac{\beta_{1j}^{H_{1j}} H_{1j}}{[\beta_{1j}^{H_{1j}} + a_j^{H_{1j}}][\beta_{1j}^{H_{1j}} + (y_j^*)^{H_{1j}}]}.
$$

(b) 如果 $y_j^* + \theta x_j > 1$, 我们有

(1) 如果 $x_j \geqslant 0$, 这意味着 $y_j^* + \theta x_j \leqslant y_j^* + x_j$, 我们可以得到

$$
\frac{F_j(x_j)}{x_j} \leqslant \frac{\beta_{1j}^{H_{1j}} H_{1j}[y_j^* + \theta x_j]^{H_{1j}}}{[\beta_{1j}^{H_{1j}} + (x_j + y_j^*)^{H_{1j}}][\beta_{1j}^{H_{1j}} + (y_j^*)^{H_{1j}}]}
$$

$$
\leqslant \frac{\beta_{1j}^{H_{1j}} H_{1j}[y_j^* + x_j]^{H_{1j}}}{[\beta_{1j}^{H_{1j}} + (x_j + y_j^*)^{H_{1j}}][\beta_{1j}^{H_{1j}} + (y_j^*)^{H_{1j}}]}
$$

$$
\leqslant \frac{\beta_{1j}^{H_{1j}} H_{1j}}{[\beta_{1j}^{H_{1j}} + (y_j^*)^{H_{1j}}]}.
$$

(2) 如果 $x_j < 0$, 有 $y_j^* + \theta x_j \leqslant y_j^*$, 我们可以得到

$$\frac{F_j(x_j)}{x_j} \leqslant \frac{\beta_{1j}^{H_{1j}} H_{1j} (y_j^*)^{H_{1j}-1}}{[\beta_{1j}^{H_{1j}} + (x_j + y_j^*)^{H_{1j}}][\beta_{1j}^{H_{1j}} + (y_j^*)^{H_{1j}}]}$$

$$\leqslant \frac{\beta_{1j}^{H_{1j}} H_{1j} (y_j^*)^{H_{1j}-1}}{[\beta_{1j}^{H_{1j}} + (a_j)^{H_{1j}}][\beta_{1j}^{H_{1j}} + (y_j^*)^{H_{1j}}]}.$$

情形(II). 对 $0 < H_{1j} < 1$,

$$\frac{F_j(x_j)}{x_j} = \frac{\beta_{1j}^{H_{1j}} H_{1j}}{[y_j^* + \theta x_j]^{1-H_{1j}}[\beta_{1j}^{H_{1j}} + (x_j + y_j^*)^{H_{1j}}][\beta_{1j}^{H_{1j}} + (y_j^*)^{H_{1j}}]}.$$

(c) 如果 $x_j \geqslant 0$, 则 $y_j^* + \theta x_j > y_j^* > 0$, $y_j^* + x_j > y_j^* > 0$, 我们可以得到

$$\frac{F_j(x_j)}{x_j} \leqslant \frac{\beta_{1j}^{H_{1j}} H_{1j}}{(y_j^*)^{1-H_{1j}}[\beta_{1j}^{H_{1j}} + (y_j^*)^{H_{1j}}]^2}.$$

(d) 如果 $x_j < 0$, 我们有 $y_j^* + \theta x_j > y_j^* + x_j \geqslant a_j > 0$, 可以得到

$$\frac{F_j(x_j)}{x_j} \leqslant \frac{\beta_{1j}^{H_{1j}} H_{1j}}{(a_j)^{1-H_{1j}}[\beta_{1j}^{H_{1j}} + a_j^{H_{1j}}][\beta_{1j}^{H_{1j}} + (y_j^*)^{H_{1j}}]}.$$

故, 当 $H_{1j} \geqslant 1$, 令

$$k_{1j} = \max\left\{ \frac{\beta_{1j}^{H_{1j}} H_{1j}}{[\beta_{1j}^{H_{1j}} + a_j^{H_{1j}}][\beta_{1j}^{H_{1j}} + (y_j^*)^{H_{1j}}]}, \frac{\beta_{1j}^{H_{1j}} H_{1j}}{[\beta_{1j}^{H_{1j}} + (y_j^*)^{H_{1j}}]}, \right.$$
$$\left. \frac{\beta_{1j}^{H_{1j}} H_{1j} (y_j^*)^{H_{1j}-1}}{[\beta_{1j}^{H_{1j}} + a_j^{H_{1j}}][\beta_{1j}^{H_{1j}} + (y_j^*)^{H_{1j}}]} \right\},$$

当 $0 < H_{1j} < 1$, 令

$$k_{1j} = \max\left\{ \frac{\beta_{1j}^{H_{1j}} H_{1j}}{(y_j^*)^{1-H_{1j}}[\beta_{1j}^{H_{1j}} + (y_j^*)^{H_{1j}}]^2}, \right.$$
$$\left. \frac{\beta_{1j}^{H_{1j}} H_{1j}}{(a_j)^{1-H_{1j}}[\beta_{1j}^{H_{1j}} + a_j^{H_{1j}}][\beta_{1j}^{H_{1j}} + (y_j^*)^{H_{1j}}]} \right\},$$

令 $k_1 = \max k_{1j}$，$j = 1, 2, \cdots, n$，有

$$0 \leqslant \frac{F_j(x_j)}{x_j} \leqslant k_1.$$

同理，当 $H_{2j} \geqslant 1$，令

$$k_{2j} = \max\left\{ \frac{\beta_{2j}^{H_{2j}} H_{2j}}{\left[\beta_{2j}^{H_{2j}} + a_j^{H_{2j}}\right]\left[\beta_{2j}^{H_{2j}} + (y_j^*)^{H_{2j}}\right]}, \frac{\beta_{2j}^{H_{2j}} H_{2j}}{\left[\beta_{2j}^{H_{2j}} + (y_j^*)^{H_{2j}}\right]}, \right.$$
$$\left. \frac{\beta_{2j}^{H_{2j}} H_{2j} (y_j^*)^{H_{2j}-1}}{\left[\beta_{2j}^{H_{2j}} + a_j^{H_{2j}}\right]\left[\beta_{2j}^{H_{2j}} + (y_j^*)^{H_{2j}}\right]} \right\},$$

当 $0 < H_{2j} < 1$，令

$$k_{2j} = \max\left\{ \frac{\beta_{2j}^{H_{2j}} H_{2j}}{(y_j^*)^{1-H_{2j}}\left[\beta_{2j}^{H_{2j}} + (y_j^*)^{H_{2j}}\right]^2}, \right.$$
$$\left. \frac{\beta_{2j}^{H_{1j}} H_{2j}}{(a_j)^{1-H_{2j}}\left[\beta_{2j}^{H_{2j}} + a_j^{H_{2j}}\right]\left[\beta_{2j}^{H_{2j}} + (y_j^*)^{H_{2j}}\right]} \right\},$$

令 $k_2 = \max k_{2j}$，$j = 1, 2, \cdots, n$，有

$$0 \leqslant \frac{G_j(x_j)}{x_j} \leqslant k_2. \qquad \square$$

注释 7.2：由 $0 \leqslant \dfrac{F_j(x_j)}{x_j} \leqslant k_1$，$0 \leqslant \dfrac{G_j(x_j)}{x_j} \leqslant k_2$，我们可以看出 $F_j(x_j)[F_j(x_j) - k_1 x_j] \leqslant 0$，$0 \leqslant x_j F_j(x_j) \leqslant k_1 x_j^2$ 并且 $G_j(x_j)[G_j(x_j) - k_2 x_j] \leqslant 0$，$0 \leqslant x_j G_j(x_j) \leqslant k_2 x_j^2$.

7.1.2　预备知识

定义 7.1（文献[6]）：令 $V: R^+ \times R^n \to R^+$，如果

（1）对任意的 $X \in R^n$，V 在区间 $(\tau_{i-1}, \tau_i] \times R^n$，$i = 1, 2, \cdots$ 上连续，

并且 $\lim\limits_{(t,\,Y)\to(\tau_i^+,\,X)} V(t,\,Y) = V(\tau_i^*,\,X)$ 存在；

（2）V 在 X 上局部李普希兹，

称 V 属于类 V_0.

定义 7.2（文献[6]）：对 $(t,\,X) \in (\tau_{i-1},\,\tau_i] \times R^n$，定义

$$D^+ V(t,\,X) \triangleq \lim\limits_{h\to 0} \sup \frac{1}{h}[V(t+h,\,X+hf(t,\,X)) - V(t,\,X)].$$

为了下文的需要，我们给出比较系统的定义.

定义 7.3（文献[6]）：令 $V \in V_0$，并且假设

$$D^+ V(t,\,X) \leqslant g(t,\,V(t,\,X)), \qquad t \neq \tau_i,$$

$$V(t,\,X+U_i(X)) \leqslant \Psi_i(V(t,\,X)), \quad t = \tau_i,$$

其中 $g: R^+ \times R^+ \to R$ 为连续的，$\Psi_i: R^+ \to R^+$ 为不减的，则如下的系统

$$\begin{cases} \dot{\omega} = g(t,\,\omega),\, t \neq \tau_i, \\ \omega(\tau_i^+) = \Psi_i(\omega(\tau_i)), \\ \omega(t_0^+) = \omega_0 \geqslant 0, \end{cases} \qquad (7-7)$$

为系统

$$\begin{cases} \dot{X}(t) = f(t,\,X(t)),\, t \neq \tau_i, \\ \Delta X = X(t^+) - X(t^-) = U_i(x),\, t = \tau_i,\, i = 1,\,2,\,\cdots \end{cases} \qquad (7-8)$$

的比较系统，其中 $X \in R^n$ 为状态变量，$f: R^+ \times R^n \to R^n$ 连续，$U_i: R^n \to R^n$ 为状态变量在时刻 τ_i 的变化，$\tau_i^+ = \lim\limits_{\varepsilon\to 0^+}(\tau_i+\varepsilon)$ 并且 $\tau_i^- = \lim\limits_{\varepsilon\to 0^+}(\tau_i-\varepsilon)$. 换句话说，$\tau_i^+$ 和 τ_i^- 分别表示 τ_i 之后和之前的时刻. $\{\tau_i: i=1,\,2,\,\cdots,\,\infty\}$ 满足 $0 < \tau_1 < \tau_2 < \cdots < \tau_i < \tau_{i+1}$，当 $i \to \infty$ 时，$\tau_i \to \infty$.

引理 7.2（文献[6]）：假设如下的三个条件满足：

（1）$V: R^+ \times S_\rho \to R^+$，$\rho > 0$，$V \in V_0$，$D^+ V(t,\,X) \leqslant g[t,\,V(t,X)]$，

$t \neq \tau_i$;

(2) 存在 $\rho_0 > 0$ 使得 $X \in S_{\rho_0}$ 意味着对任意的 i 有 $X + U_i(X) \in S_{\rho_0}$, 并且 $V[t, X + U_i(X)] \leqslant \Psi_i[V(t, X)]$, $t = \tau_i$, $X \in S_{\rho_0}$;

(3) 在 $R^+ \times S_\rho$ 上有 $\beta(\|X\|) \leqslant V(t, X) \leqslant \alpha(\|X\|)$, 其中 $\alpha(.)$, $\beta(.) \in \varkappa$. 我们有, 比较系统 (7 - 7) 的平凡解的稳定性的性质意味着系统 (7 - 8) 的稳定性, 其中 $\varkappa = \{\alpha(x): \alpha \in C[R^+, R^+], \alpha(0) = 0$, 并且 $\alpha(x)$ 在 x 严格单调递增 $\}$, $S_\rho = \{x \in R^n: \|x\| < \rho, \|.\|$ 为欧几里得范数 $\}$.

引理 7. 3(文献[6]): 令 $g(t, \omega) = \dot{\lambda}(t)\omega$, $\lambda \in C^1[R^+, R^+]$, 对任意的 i 有 $\Psi_i(\omega) = d_i \omega$, $d_i \geqslant 0$, 如果下述条件满足:

(1) $\sup_i \{d_i \exp[\lambda(\tau_{i+1}) - \lambda(\tau_i)]\} = \varepsilon_0 < \infty$;

(2) 存在 $r > 1$ 使得对任意的 $d_{2k+2} \times d_{2k+1} \neq 0$, 有 $\lambda(\tau_{2k+3}) + \ln(r d_{2k+2} d_{2k+1}) \leqslant \lambda(\tau_{2k+1})$ 成立, $k = 0, 1, \cdots$;

(3) $\lambda(t)$ 满足 $\dot{\lambda}(t) \geqslant 0$;

(4) 存在 $\varkappa$ 类中的 $\alpha(.)$ 和 $\beta(.)$ 使得 $\beta(\|X\|) \leqslant V(t,X) \leqslant \alpha(\|X\|)$ 成立; 系统 (7 - 8) 为渐近稳定的.

7.1.3　主要结论

考虑系统 (7 - 4):

$$\begin{cases} \dot{x}(t) = Ax(t) + B_1 F(x(t)) - B_2 G(x(t)), & t \neq \tau_i, \\ \Delta x_{t=\tau_i} = Cx, & t = \tau_i, i = 1, 2, \cdots, \end{cases}$$

其中 C 为对称矩阵满足 $\rho(I + C) \leqslant 1$. $\{\tau_i: i = 1, 2, \cdots\}$ 是变化的, 但是满足

$$\Delta_1 = \sup_j \{\tau_{2j+1} - \tau_{2j}\} < \infty, \tag{7-9}$$

$$\Delta_2 = \sup_j \{\tau_{2j} - \tau_{2j-1}\} < \infty, \qquad (7-10)$$

并且对给定的常数 $\varepsilon > 0$

$$\tau_{2j+1} - \tau_{2j} \leqslant \varepsilon(\tau_{2j} - \tau_{2j-1}), \ \forall_j \in \{1, 2, \cdots\}. \qquad (7-11)$$

定理 7.1: 令 $n \times n$ 的矩阵 P 为对称正定的，$\lambda_1 > 0$ 为 P 的最小特征值. 令 $Q = PA + A^T P$，其中 A^T 为矩阵 A 的转置，q 为 $P^{-1}Q$ 的最大特征值，λ_{B_1} 为 $B_1 B_1^T P^T$ 的最大特征值，λ_{B_2} 为 $B_2 B_2^T P^T$ 的最大特征值，d 为 $P^{-1}(I+C) \times P(I+C)$ 的最大特征值. 如果存在 $\xi > 1$ 使得

$$0 \leqslant q + \lambda_{B_1} + \lambda_{B_2} + \frac{k_1^2}{\lambda_1} + \frac{k_2^2}{\lambda_1} \leqslant -\frac{\ln(\xi d^2)}{(1+\varepsilon)\Delta^2}, \qquad (7-12)$$

则系统 $(7-4)$ 为渐近稳定的.

证明 构造李雅普诺夫函数 $V(t, x) = x^T P x$. 对 $t \neq \tau_i$，我们有

$$D^+ V(t, x) = x^T A^T P x + F^T(x) B_1^T P x - G^T(x) B_2^T P x$$
$$+ x^T P A x + x^T P B_1 F(x) - x^T P B_2 G(x)$$
$$= x^T (A^T P + P A) x + 2 x^T P B_1 F(x) - 2 x^T P B_2 G(x).$$

注意到

$$2 x^T P B_1 F(x) \leqslant x^T P B_1 B_1^T P^T x + F^T(x) F(x)$$
$$\leqslant \lambda_{\max}(P^{-1} P B_1 B_1^T P^T) x^T P x + F^T(x) F(x) -$$
$$\sum_{j=1}^{n} F_j(x_j) [F_j(x_j) - k_1 x_j]$$
$$= \lambda_{B_1} x^T p x + \sum_{j=1}^{n} F_j^2(x_j) - \sum_{j=1}^{n} F_j(x_j) [F_j(x_j) - k_1 x_j]$$
$$= \lambda_{B_1} x^T p x + k_1 \sum_{j=1}^{n} x_j F_j(x_j) \leqslant \lambda_{B_1} x^T P x + k_1^2 \sum_{j=1}^{n} x_j^2$$
$$= \lambda_{B_1} x^T P x + k_1^2 \| x \|^2$$

$$\leqslant \lambda_{B_1} x^{\mathrm{T}} P x + \frac{k_1^2}{\lambda_1} x^{\mathrm{T}} P x,$$

类似地,我们有 $2x^{\mathrm{T}} P B_1 G(x) \leqslant \lambda_{B_2} x^{\mathrm{T}} P x + \dfrac{k_2^2}{\lambda_1} x^{\mathrm{T}} P x.$ 故有

$$D^+ V(t, x) = x^{\mathrm{T}}(A^{\mathrm{T}} P + P A) x + 2x^{\mathrm{T}} P B_1 F(x) - 2x^{\mathrm{T}} P B_2 G(x)$$

$$\leqslant \left[q + \lambda_{B_1} + \lambda_{B_2} + \frac{k_1^2}{\lambda_1} + \frac{k_2^2}{\lambda_1} \right] x^{\mathrm{T}} P x.$$

因此,令 $g(t, \omega) = \left[q + \lambda_{B_1} + \lambda_{B_2} + \dfrac{k_1^2}{\lambda_1} + \dfrac{k_2^2}{\lambda_1} \right]$,引理 7.2 的条件(1)

满足.

因为 C 是对称的,我们知道 $(I+C)$ 也是对称的. 由欧几里得范数的性

质有 $\rho(I+C) = \| I + C \|$. 对任意的 $\rho_0 > 0$ 以及 $x \in S_{\rho_0}$,可得 $\| x + C$

$x \| \leqslant \| I + C \| \cdot \| x \| = \rho(I+C) \| x \| \leqslant \| x \|$. 因而,$x + Cx \in S_{\rho_0}$.

对 $t = \tau_i$,我们有

$$V(\tau_i, x + Cx) = (x + Cx)^{\mathrm{T}} P(x + Cx)$$

$$= x^{\mathrm{T}}(I+C)^{\mathrm{T}} P(I+C) x \leqslant d V(\tau_i, x).$$

因此,令 $\Psi_i(\omega) = d\omega$,引理 7.2 的条件(2)成立. 我们仍然可以发现引理

7.2 的条件(3)也成立. 故由引理 7.2,系统(7-4)的渐近稳定的性质由如下

的比较系统决定:

$$\begin{cases} \dot{\omega} = \left[q + \lambda_{B_1} + \lambda_{B_2} + \dfrac{k_1^2}{\lambda_1} + \dfrac{k_2^2}{\lambda_1} \right] \omega \\ \omega(\tau_i^+) = d(\omega(\tau_i)), \\ \omega(t_0^+) = \omega_0 \geqslant 0. \end{cases}$$

我们现在考虑引理 7.3 的条件. 因为

$$\sup_i \left\{ d\exp\left[q + \lambda_{B_1} + \lambda_{B_2} + \frac{k_1^2}{\lambda_1} + \frac{k_2^2}{\lambda_1} \right] \times (\tau_{i+1} - \tau_i) \right\} \omega$$

$$\leqslant d\exp\left(\left[q + \lambda_{B_1} + \lambda_{B_2} + \frac{k_1^2}{\lambda_1} + \frac{k_2^2}{\lambda_1} \right] \times \max\{\Delta_1, \Delta_2\} \right)$$

$$< \infty,$$

所以,引理 7.3 的条件(1)满足. 进一步地,

$$\left[q + \lambda_{B_1} + \lambda_{B_2} + \frac{k_1^2}{\lambda_1} + \frac{k_2^2}{\lambda_1} \right] \times (\tau_{2i+1} - \tau_{2i-1})$$

$$= \left[q + \lambda_{B_1} + \lambda_{B_2} + \frac{k_1^2}{\lambda_1} + \frac{k_2^2}{\lambda_1} \right] \times (\tau_{2i+1} - \tau_{2i} + \tau_{2i} - \tau_{2i-1})$$

$$\leqslant \left[q + \lambda_{B_1} + \lambda_{B_2} + \frac{k_1^2}{\lambda_1} + \frac{k_2^2}{\lambda_1} \right] (\Delta_1 + \Delta_2)$$

$$\leqslant \left[q + \lambda_{B_1} + \lambda_{B_2} + \frac{k_1^2}{\lambda_1} + \frac{k_2^2}{\lambda_1} \right] (1 + \varepsilon)\Delta_2$$

$$\leqslant -\ln(\xi d^2),$$

其中最后一个不等式由(7-12)式推出. 因此,引理 7.3 的条件(2)也是满足的. 故由引理 7.2,系统(7-4)为渐近稳定的. $\square$

7.1.4 数值例子

例 7.1：考虑如下系统：

$$\dot{y}(t) = Ay(t) + B_1 f_1(y(t)) + B_2 f_2(y(t))$$

$$= \begin{bmatrix} 1 & 1 \\ 1 & 1 \end{bmatrix} \begin{bmatrix} y_1(t) \\ y_2(t) \end{bmatrix} + \begin{bmatrix} -2 & 0 \\ -1 & -1 \end{bmatrix} \begin{bmatrix} \dfrac{y_1^{\frac{1}{2}}(t)}{1 + y_1^{\frac{1}{2}}(t)} \\[4mm] \dfrac{y_2^{\frac{1}{2}}(t)}{1 + y_2^{\frac{1}{2}}(t)} \end{bmatrix} +$$

$$\begin{bmatrix} -1 & -1 \\ 2 & 0 \end{bmatrix} \begin{bmatrix} \dfrac{1}{1+y_1^{\frac{1}{2}}(t)} \\ \dfrac{1}{1+y_2^{\frac{1}{2}}(t)} \end{bmatrix}. \tag{7-13}$$

在系统(7-13)中,我们假设 $y_1(t) \geqslant 1$, $y_2(t) \geqslant 1$.

系统(7-13)的一个平衡点为 $y^* = \begin{bmatrix} 1 \\ 1 \end{bmatrix}$. 令 $x = y - y^*$, 则

$$\dot{x}(t) = \begin{bmatrix} 1 & 1 \\ 1 & 1 \end{bmatrix} \begin{bmatrix} x_1(t) \\ x_2(t) \end{bmatrix} + \begin{bmatrix} -2 & 0 \\ -1 & -1 \end{bmatrix} F(x(t)) - \begin{bmatrix} -1 & -1 \\ -2 & 0 \end{bmatrix} G(x(t)),$$

$$\tag{7-14}$$

其中

$$F(x(t)) = f(x(t)+y^*) - f(y^*) = \begin{bmatrix} \dfrac{(x_1(t)+1)^{\frac{1}{2}}}{1+(x_1(t)+1)^{\frac{1}{2}}} \\ \dfrac{(x_2(t)+1)^{\frac{1}{2}}}{1+(x_2(t)+1)^{\frac{1}{2}}} \end{bmatrix} - \begin{bmatrix} \dfrac{1}{2} \\ \dfrac{1}{2} \end{bmatrix}$$

$$= \begin{bmatrix} \dfrac{(x_1(t)+1)^{\frac{1}{2}}-1}{2[1+(x_1(t)+1)^{\frac{1}{2}}]} \\ \dfrac{(x_2(t)+1)^{\frac{1}{2}}-1}{2[1+(x_2(t)+1)^{\frac{1}{2}}]} \end{bmatrix},$$

$$G(x(t)) = g(x(t)+y^*) - g(y^*) = \begin{bmatrix} \dfrac{(x_1(t)+1)^2}{1+(x_1(t)+1)^2} \\ \dfrac{(x_2(t)+1)^2}{1+(x_2(t)+1)^2} \end{bmatrix} - \begin{bmatrix} \dfrac{1}{2} \\ \dfrac{1}{2} \end{bmatrix}$$

$$= \begin{bmatrix} \dfrac{x_1^2(t)+2x_1(t)}{2[1+(x_1(t)+1)^2]} \\[4mm] \dfrac{x_2^2(t)+2x_2(t)}{2[1+(x_2(t)+1)^2]} \end{bmatrix}.$$

令脉冲控制为 $\Delta x\,|_{t=\tau_i} = Cx = \begin{bmatrix} -\dfrac{3}{2} & 0 \\ 0 & -1 \end{bmatrix} x$, $t=\tau_i$, $i=1,2,\cdots$, 我们

将系统 (7-14) 重新写为:

$$\begin{cases} \dot{x}(t) = \begin{bmatrix} 1 & 1 \\ 1 & 1 \end{bmatrix} \begin{bmatrix} x_1(t) \\ x_2(t) \end{bmatrix} + \begin{bmatrix} -2 & 0 \\ -1 & -1 \end{bmatrix} F(x(t)) - \begin{bmatrix} -1 & -1 \\ -2 & 0 \end{bmatrix} G(x(t)), \\[4mm] \Delta x = x(t^+) - x(t^-) = \begin{bmatrix} -\dfrac{3}{2} & 0 \\ 0 & -1 \end{bmatrix} x, \ t=\tau_i, \ i=1,2,\cdots. \end{cases}$$

$$(7-15)$$

对任意的 $x \in R^+$, 由引理 7.1, 我们有 $\dfrac{F_1(x_1)}{x_1} \leqslant \dfrac{1}{8}$, $\dfrac{F_2(x_2)}{x_2} \leqslant \dfrac{1}{8}$,

$\dfrac{G_1(x_1)}{x_1} \leqslant 1$, $\dfrac{G_2(x_2)}{x_2} \leqslant 1$.

令 $k_1 = \dfrac{1}{8}$, $k_2 = 1$, 可得 $\dfrac{F_i(x_i)}{x_i} \leqslant k_1$, $\dfrac{G_i(x_i)}{x_i} \leqslant k_2$, $i=1,2$.

令 $P = I_2$, 则 P 为对称正定的, 并且 $\lambda_1 = 1$. 通过计算, 我们有 $Q =$

$PA + A^{\mathrm{T}}P = \begin{bmatrix} 2 & 2 \\ 2 & 2 \end{bmatrix}$, 则 $P^{-1}Q = \begin{bmatrix} 2 & 2 \\ 2 & 2 \end{bmatrix}$, $q=4$. 注意到 $P^{-1}(I+C) \times$

$P(I+C) = \begin{bmatrix} \dfrac{1}{4} & 0 \\ 0 & 0 \end{bmatrix}$, 可得 $d = \dfrac{1}{4}$. 通过计算, 有 $B_1 B_1^{\mathrm{T}} P^{\mathrm{T}} = \begin{bmatrix} 4 & 2 \\ 2 & 2 \end{bmatrix}$,

$B_2 B_2^{\mathrm{T}} P^{\mathrm{T}} = \begin{bmatrix} 2 & 2 \\ 2 & 4 \end{bmatrix}$，那么，$\lambda_{B_1} = \lambda_{B_2} = 5.236$.

对 $\xi > 1$，满足 $0 < \dfrac{1}{16}\xi < 1$，对所有的 $j = 1,2,\cdots$，我们选择 $\varepsilon = 0.5$.

$$\tau_{2j+1} - \tau_{2j} = \Delta_1 = -\frac{\ln\left(\dfrac{1}{16}\xi\right)}{48}, \quad \tau_{2j} - \tau_{2j-1} = \Delta_2$$

$$= -\frac{\ln\left(\dfrac{1}{16}\xi\right)}{1.5 \times 16} = -\frac{\ln\left(\dfrac{1}{16}\xi\right)}{24}.$$

注意到 $q + \lambda_{B_1} + \lambda_{B_2} + \dfrac{k_1^2}{\lambda_1} + \dfrac{k_2^2}{\lambda_1} = 4 + 5.236 + 5.236 + \dfrac{1}{64} + 1 =$

15.4876，并且 $-\dfrac{\ln(\xi d^2)}{(1+\varepsilon)\Delta_2} = -\dfrac{\ln\left(\dfrac{1}{16}\xi\right)}{1.5\Delta_2} = 16$，故 $q + \lambda_{B_1} + \lambda_{B_2} + \dfrac{k_1^2}{\lambda_1} +$

$\dfrac{k_2^2}{\lambda_1} < -\dfrac{\ln(\xi d^2)}{(1+\varepsilon)\Delta_2}$.

由定理 7.1，我们知道系统(7-15)的零解渐近稳定，也就是系统(7-13)的平衡点 y^* 在脉冲控制 $\Delta x = x(t^+) - x(t^-) = \begin{bmatrix} -\dfrac{3}{2} & 0 \\ 0 & -1 \end{bmatrix} x, t = \tau_i$，

$i = 1,2,\cdots$ 作用下为渐近稳定的.

7.2　乳糖操纵子的镇定问题

本节我们考虑乳糖操纵子的镇定问题.

7.2.1 模型介绍与分析

本节考虑的模型如下:

$$
\begin{cases}
\dfrac{\mathrm{d}M}{\mathrm{d}t} = \alpha_M \dfrac{1+K_1(\mathrm{e}^{-\mu\tau_M}A_{\tau_M})^n}{K+K_1(\mathrm{e}^{-\mu\tau_M}A_{\tau_M})^n} - \widetilde{\gamma}_M M, \ A_{\tau_M} \equiv A(t-\tau_M), \\[2mm]
\dfrac{\mathrm{d}B}{\mathrm{d}t} = \alpha_B \mathrm{e}^{-\mu\tau_B} M_{\tau_B} - \widetilde{\gamma}_B B, \ M_{\tau_B} \equiv M(t-\tau_B), \\[2mm]
\dfrac{\mathrm{d}A}{\mathrm{d}t} = \alpha_A B \dfrac{L}{K_L+L} - \beta_A B \dfrac{A}{K_A+A} - \widetilde{\gamma}_A A,
\end{cases}
\tag{7-16}
$$

其中 M, B, A 分别表示 mRNA、β-半乳糖苷酶和异乳糖的浓度. τ_M 表示 DNA 转录到 mRNA 的时滞,τ_B 表示 mRNA 翻译成 β-半乳糖苷酶的时滞.

注释 7.3: 在上述模型中,α_M, K_1, K, $\widetilde{\gamma}_M$, μ, α_B, $\widetilde{\gamma}_B$, α_A, β_A, K_L, L, K_A, $\widetilde{\gamma}_A$ 为常数,其中 K, K_1, n, μ 为正的. τ_M, τ_B 为时滞,是正的常数.

注释 7.4: 考虑模型(7-16)的生物意义,我们有 $M>0$, $B>0$ 以及 $A>0$.

假设 7.1: 本节,我们假设 $K>1$, $K_A>0$ 并且存在 $c_1>0$, $c_2>0$ 使得 $B \subset (0, c_1]$, $A \geqslant c_2$.

令 (M^*, B^*, A^*) 为如下方程的平衡点

$$
\begin{cases}
\dfrac{\mathrm{d}M}{\mathrm{d}t} = \alpha_M \dfrac{1+K_1(\mathrm{e}^{-\mu\tau_M}A)^n}{K+K_1(\mathrm{e}^{-\mu\tau_M}A)^n} - \widetilde{\gamma}_M M, \\[2mm]
\dfrac{\mathrm{d}B}{\mathrm{d}t} = \alpha_B \mathrm{e}^{-\mu\tau_B} M - \widetilde{\gamma}_B B, \\[2mm]
\dfrac{\mathrm{d}A}{\mathrm{d}t} = \alpha_A B \dfrac{L}{K_L+L} - \beta_A B \dfrac{A}{K_A+A} - \widetilde{\gamma}_A A.
\end{cases}
\tag{7-17}
$$

通过如下的转化

$$
x_1 = M-M^*, \ x_2 = B-B^*, \ x_3 = A-A^*,
$$

可以将平衡点$(M^*，B^*，A^*)$平移到原点

$$
\begin{cases}
\dfrac{\mathrm{d}x_1}{\mathrm{d}t} = \alpha_M \widetilde{g}_1(x_3(t-\tau_M)) - \widetilde{\gamma}_M x_1，\\[3mm]
\dfrac{\mathrm{d}x_2}{\mathrm{d}t} = \alpha_B \mathrm{e}^{-\mu\tau_B} x_1(t-\tau_B) - \widetilde{\gamma}_B x_2，\\[3mm]
\dfrac{\mathrm{d}x_3}{\mathrm{d}t} = \alpha_A h(L)x_2 - \beta_A\left[(x_2+B^*)\widetilde{g}_2(x_3) + x_2\dfrac{A^*}{K_A+A^*}\right] - \widetilde{\gamma}_A x_3，
\end{cases}
$$

$$(7-18)$$

其中

$$
\begin{aligned}
\widetilde{g}_1(x_3(t-\tau_M)) &= \frac{1+K_1 \mathrm{e}^{-n\mu\tau_M}A^n(t-\tau_M)}{K+K_1 \mathrm{e}^{-n\mu\tau_M}A^n(t-\tau_M)} - \frac{1+K_1 \mathrm{e}^{-n\mu\tau_M}A^{*n}}{K+K_1 \mathrm{e}^{-n\mu\tau_M}A^{*n}}\\[3mm]
&= \frac{1+K_1 \mathrm{e}^{-n\mu\tau_M}\left[x_3(t-\tau_M)+A^*\right]^n}{K+K_1 \mathrm{e}^{-n\mu\tau_M}\left[x_3(t-\tau_M)+A^*\right]^n} -\\[3mm]
&\quad \frac{1+K_1 \mathrm{e}^{-n\mu\tau_M}A^{*n}}{K+K_1 \mathrm{e}^{-n\mu\tau_M}A^{*n}}，
\end{aligned}
$$

$$
\widetilde{g}_2(x_3) = \frac{A}{K_A+A} - \frac{A^*}{K_A+A^*} = \frac{x_3+A^*}{K_A+A^*+x_3} - \frac{A^*}{K_A+A^*}，
$$

$$
h(L) = \frac{L}{K_L+L}.
$$

如果令时滞为 0，可将方程$(7-18)$写为：

$$
\begin{cases}
\dfrac{\mathrm{d}x_1}{\mathrm{d}t} = \alpha_M \bar{g}_1(x_3) - \widetilde{\gamma}_M x_1，\\[3mm]
\dfrac{\mathrm{d}x_2}{\mathrm{d}t} = \alpha_B x_1 - \widetilde{\gamma}_B x_2，\\[3mm]
\dfrac{\mathrm{d}x_3}{\mathrm{d}t} = \alpha_A h(L)x_2 - \beta_A\left[(x_2+B^*)\widetilde{g}_2(x_3) + x_2\dfrac{A^*}{K_A+A^*}\right] - \widetilde{\gamma}_A x_3，
\end{cases}
$$

$$(7-19)$$

其中

$$\bar{g}_1(x_3) = \frac{1+K_1 A^n}{K+K_1 A^n} - \frac{1+K_1 A^{*n}}{K+K_1 A^{*n}}$$

$$= \frac{1+K_1(x_3+A^*)^n}{K+K_1(x_3+A^*)^n} - \frac{1+K_1 A^{*n}}{K+K_1 A^{*n}}.$$

令 $x = [x_1, x_2, x_3]^T$，则可将(7-18)重新写为：

$$\dot{x} = \widetilde{A} x + \widetilde{f}_1(x(t-\tau_M)) + \widetilde{f}_2(x(t-\tau_B)) + \widetilde{f}_3(x), \quad (7-20)$$

其中

$$\widetilde{A} = \begin{bmatrix} -\widetilde{\gamma}_M & 0 & 0 \\ 0 & -\widetilde{\gamma}_B & 0 \\ 0 & \alpha_A h(L) - \beta_A \dfrac{A^*}{K_A+A^*} & -\widetilde{\gamma}_A \end{bmatrix},$$

$$\widetilde{f}_1(x(t-\tau_M)) = \begin{bmatrix} \alpha_M \widetilde{g}_1(x_3(t-\tau_M)) \\ 0 \\ 0 \end{bmatrix},$$

$$\widetilde{f}_2(x(t-\tau_B)) = \begin{bmatrix} 0 \\ \alpha_B e^{-\mu\tau_B} x_1(t-\tau_B) \\ 0 \end{bmatrix},$$

$$\widetilde{f}_3(x) = \begin{bmatrix} 0 \\ 0 \\ -\beta_A(x_2+B^*)\widetilde{g}_2(x_3) \end{bmatrix}.$$

应用上述类似的方法，可以将(7-19)写为：

$$\dot{x} = \bar{A} x + \bar{f}(x), \quad (7-21)$$

其中

$$
\bar{A} = \begin{bmatrix} -\widetilde{\gamma}_M & 0 & 0 \\ \alpha_B & -\widetilde{\gamma}_B & 0 \\ 0 & \alpha_A h(L) - \beta_A \dfrac{A^*}{K_A + A^*} & -\widetilde{\gamma}_A \end{bmatrix},
$$

$$
\bar{f}(x) = \begin{bmatrix} \alpha_M \bar{g}_1(x_3) \\ 0 \\ -\beta_A(x_2 + B^*)\widetilde{g}_2(x_3) \end{bmatrix}.
$$

相应地,具有控制的非线性系统(7-20)可以描述如下:

$$
\dot{x} = \widetilde{A}x + \widetilde{f}_1(x(t-\tau_M)) + \widetilde{f}_2(x(t-\tau_B)) + \widetilde{f}_3(x) + u(t, x),
$$

其中 $u(t, x)$ 是控制输入. 对于(7-20),我们可以构造混杂的脉冲切换控制 $u = u_1 + u_2$ 如下:

$$
u_1(t) = \sum_{k=1}^{\infty} B_{1k} x(t) l_k(t), \ u_2(t) = \sum_{k=1}^{\infty} B_{2k} x(t) \delta(t - t_k^-), \quad (7-22)
$$

其中 B_{1k}, B_{2k} 为 3×3 的常数矩阵, $\delta(\cdot)$ 为 Dirac 脉冲. 并且,当 $t_{k-1} \leqslant t < t_k$ 时 $l_k(t) = 1$, 在不连续点有 $l_k(t) = 0$, $t_1 < t_2 < \cdots t_k < \cdots$, $\lim\limits_{k \to \infty} t_k = \infty$, $t_0 \geqslant 0$ 是初始时刻.

由(7-22), $u_1(t) = B_{1k} x(t)$, $t \in [t_{k-1}, t_k)$, $k = 1, 2, \cdots$. 从上式可以看出控制 $u_1(t)$ 在每个时刻 t_k 切换其值,不失一般性,假设 $x(t_k) = x(t_k^-) = \lim\limits_{h \to 0^+} x(t_k - h)$.

另一方面,当 $t \neq t_k$ 有 $u_2(t) = 0$, 并且

$$
x(t_k) - x(t_k - h) = \int_{t_k-h}^{t_k} \big[\widetilde{A}x + \widetilde{f}_1(x(t-\tau_M)) + \widetilde{f}_2(x(t-\tau_B)) + \widetilde{f}_3(x) + u_1(s) + u_2(s) \big] \mathrm{d}s,
$$

其中 $h > 0$ 充分小. 当 $h \to 0^+$, 有 $\Delta x(t) \mid_{t_k} = x(t_k) - x(t_k^-) = B_{2k} x(t_k^-)$, 其中 $x(t_k^-) = \lim\limits_{h \to 0^+} x(t_k - h)$. 从上式可以看出,控制 $u_2(t)$ 的作用是在时刻 t_k 突然改变 $(7-20)$ 的状态.

相应地,在混杂控制 $(7-22)$ 下,非线性系统 $(7-20)$ 变成一个非线性的脉冲切换系统:

$$\begin{cases} \dot{x} = \widetilde{A} x + \widetilde{f}_1(x(t-\tau_M)) + \widetilde{f}_2(x(t-\tau_B)) + \\ \qquad \widetilde{f}_3(x) + B_{1k} x, \ t \in [t_{k-1}, t_k), \\ \Delta x = B_{2k} x(t_k^-), \ t = t_k, \\ x(\theta) = \phi(\theta), \ \theta \in [t_0 - \tau, t_0), \ k = 1, 2, \cdots, \end{cases} \qquad (7-23)$$

其中 $\tau = \max\{\tau_M, \tau_B\}$.

可以将 $(7-23)$ 重新写为:

$$\begin{cases} \dot{x} = \widetilde{A}_{i_k} x + \widetilde{f}_1(x(t-\tau_M)) + \widetilde{f}_2(x(t-\tau_B)) + \widetilde{f}_3(x), \\ \qquad t \in [t_{k-1}, t_k), \\ \Delta x = B_{2k} x(t_k^-), \ t = t_k, \\ x(\theta) = \phi(\theta), \ \theta \in [t_0 - \tau, t_0), \ k = 1, 2, \cdots, \end{cases} \qquad (7-24)$$

其中 $\widetilde{A}_{i_k} = \widetilde{A} + B_{1k}$. 切换信号表示为 $\{i_k\}$, $[t_{k-1}, t_k) \mapsto i_k \in \{1, 2, \cdots, m\}$, 则系统 $(7-24)$ 有 m 个不同的模式.

同样地,可以将脉冲切换控制作用下的非线性系统 $(7-21)$ 写为:

$$\begin{cases} \dot{x} = \bar{A}_{i_k} x + \bar{f}(x), \ t \in [t_{k-1}, t_k), \\ \Delta x = B_{2k} x(t_k^-), \ t = t_k, \\ x(t_0) = x_0, \ k = 1, 2, \cdots, \end{cases} \qquad (7-25)$$

其中 $\bar{A}_{i_k} = \bar{A} + B_{1k}$.

7.2.2　预备知识

引理 7.4： 如果 $P \in R^{n \times n}$ 为一个对称正定的矩阵，$Q \in R^{n \times n}$ 为对称矩阵，则

$$\lambda_{\min}(P^{-1}Q)x^{\mathrm{T}}Px \leqslant x^{\mathrm{T}}Qx \leqslant \lambda_{\max}(P^{-1}Q)x^{\mathrm{T}}Px, x \in R^{n}.$$

引理 7.5： 存在常数 $a_1 > 0, a_2 > 0, a_3 > 0$ 使得

$$0 < \frac{\bar{g}_1(x_3)}{x_3} \leqslant a_1, \ 0 < \frac{\tilde{g}_2(x_3)}{x_3} \leqslant a_2, \ 0 < \frac{\tilde{g}_1(x_3)}{x_3} \leqslant a_3.$$

证明　由 $\bar{g}_1$ 的定义，由中值定理有

$$\frac{\bar{g}_1(x_3)}{x_3} = \frac{\dfrac{1+K_1(x_3+A^*)^n}{K+K_1(x_3+A^*)^n} - \dfrac{1+K_1A^{*n}}{K+K_1A^{*n}}}{x_3}$$

$$= \frac{K_1(K-1)\big[(x_3+A^*)^n - A^{*n}\big]}{x_3[K+K_1(x_3+A^*)^n][K+K_1A^{*n}]}$$

$$= \frac{K_1(K-1)n[A^*+\theta x_3]^{n-1}}{[K+K_1(x_3+A^*)^n][K+K_1A^{*n}]} > 0, 0 < \theta < 1.$$

情形(i). 对 $n \geqslant 1$，

(a) 如果 $0 < A^* + \theta x_3 \leqslant 1$，则

$$\frac{\bar{g}_1(x_3)}{x_3} \leqslant \frac{K_1(K-1)n}{[K+K_1(x_3+A^*)^n][K+K_1A^{*n}]}$$

$$\leqslant \frac{K_1(K-1)n}{[K+K_1c_2^n][K+K_1A^{*n}]}.$$

(b) 如果 $A^* + \theta x_3 > 1$，并且 $x_3 \geqslant 0$，可得 $A^* + \theta x_3 \leqslant A^* + x_3$，故有

$$\frac{\bar{g}_1(x_3)}{x_3} \leqslant \frac{K_1(K-1)n[A^*+\theta x_3]^n}{[K+K_1(x_3+A^*)^n][K+K_1A^{*n}]}$$

$$\leqslant \frac{K_1(K-1)n[A^*+x_3]^n}{[K+K_1(x_3+A^*)^n][K+K_1A^{*n}]}$$

$$\leqslant \frac{K_1(K-1)n}{K_1[K+K_1A^{*n}]}.$$

如果 $x_3 < 0$，则 $A^* + \theta x_3 \leqslant A^*$，可得

$$\frac{\overline{g}_1(x_3)}{x_3} \leqslant \frac{K_1(K-1)n(A^*)^{n-1}}{[K+K_1(x_3+A^*)^n][K+K_1A^{*n}]}$$

$$\leqslant \frac{K_1(K-1)n(A^*)^{n-1}}{[K+K_1c_2^n][K+K_1A^{*n}]}.$$

情形(ii). 对 $0 < n < 1$,

$$\frac{\overline{g}_1(x_3)}{x_3} = \frac{K_1(K-1)n}{[A^*+\theta x_3]^{1-n}[K+K_1(x_3+A^*)^n][K+K_1A^{*n}]}.$$

如果 $x_3 > 0$，则 $A^* + \theta x_3 > A^* > 0$，$A^* + x_3 > A^* > 0$，可得

$$\frac{\overline{g}_1(x_3)}{x_3} \leqslant \frac{K_1(K-1)n}{(A^*)^{1-n}[K+K_1A^{*n}]^2}.$$

如果 $x_3 < 0$，有 $A^* + \theta x_3 > A^* + x_3 = A \geqslant c_2 > 0$，可得

$$\frac{\overline{g}_1(x_3)}{x_3} \leqslant \frac{K_1(K-1)n}{(A^*+x_3)^{1-n}[K+K_1(x_3+A^{*n})][K+K_1A^{*n}]}$$

$$\leqslant \frac{K_1(K-1)n}{(c_2)^{1-n}[K+K_1c_2^n][K+K_1A^{*n}]}.$$

因此，当 $n \geqslant 1$，令 $a_1 = \max\left\{\frac{K_1(K-1)n}{[K+K_1c_2^n][K+K_1A^{*n}]},\right.$

$\left.\frac{K_1(K-1)n}{K_1[K+K_1A^{*n}]}, \frac{K_1(K-1)n(A^*)^{n-1}}{[K+K_1c_2^n][K+K_1A^{*n}]}\right\}$，当 $0 < n < 1$，令 $a_1 =$

$$\max\left\{\frac{K_1(K-1)n}{(A^*)^{1-n}[K+K_1A^{*n}]^2},\ \frac{K_1(K-1)n}{(c_2)^{1-n}[K+K_1c_2^n][K+K_1A^{*n}]}\right\},\ 有$$

$$\frac{\overline{g}_1(x_3)}{x_3}\leqslant a_1.$$

注意到

$$\frac{\widetilde{g}_2(x_3)}{x_3}=\frac{\dfrac{x_3+A^*}{K_A+A^*+x_3}-\dfrac{A^*}{K_A+A^*}}{x_3}=\frac{K_A}{[K_A+A^*+x_3][K_A+A^*]}$$

$$\leqslant\frac{K_A}{[K_A+c_2][K_A+A^*]}\triangleq a_2,$$

则 $\dfrac{\widetilde{g}_2(x_3)}{x_3}\leqslant a_2.$

通过计算,有

$$\frac{\widetilde{g}_1(x_3)}{x_3}=\frac{\dfrac{1+K_1e^{-n\mu\tau_M}(x_3+A^*)^n}{K+K_1e^{-n\mu\tau_M}(x_3+A^*)^n}-\dfrac{1+K_1e^{-n\mu\tau_M}A^{*n}}{K+K_1e^{-n\mu\tau_M}A^{*n}}}{x_3}$$

$$=\frac{K_1(K-1)e^{-n\mu\tau_M}[(x_3+A^*)^n-A^{*n}]}{x_3[K+K_1e^{-n\mu\tau_M}(x_3+A^*)^n][K+K_1e^{-n\mu\tau_M}A^{*n}]}$$

$$=\frac{K_1(K-1)e^{-n\mu\tau_M}n[A^*+\theta x_3]^{n-1}}{[K+K_1e^{-n\mu\tau_M}(x_3+A^*)^n][K+K_1e^{-n\mu\tau_M}A^{*n}]}>0.$$

从上式可得,当 $n\geqslant 1$,令

$$a_3=\max\left\{\frac{K_1(K-1)ne^{-n\mu\tau_M}}{[K+K_1e^{-n\mu\tau_M}c_2^n][K+K_1e^{-n\mu\tau_M}A^{*n}]},\right.$$

$$\frac{K_1(K-1)e^{-n\mu\tau_M}n}{K_1e^{-n\mu\tau_M}[K+K_1e^{-n\mu\tau_M}A^{*n}]},$$

$$\left.\frac{K_1(K-1)e^{-n\mu\tau_M}n(A^*)^{n-1}}{[K+K_1e^{-n\mu\tau_M}c_2^n][K+K_1e^{-n\mu\tau_M}A^{*n}]}\right\},$$

当 $0 < n < 1$，令

$$a_3 = \max\left\{\frac{K_1 e^{-n\mu\tau_M}(K-1)n}{(A^*)^{1-n}[K + K_1 e^{-n\mu\tau_M}A^{*n}]^2},\right.$$

$$\left.\frac{K_1 e^{-n\mu\tau_M}(K-1)n}{(c_2)^{1-n}[K + K_1 e^{-n\mu\tau_M}c_2^n][K + K_1 e^{-n\mu\tau_M}A^{*n}]}\right\},$$

可以证明 $\dfrac{\widetilde{g}_1(x_3)}{x_3} \leqslant a_3$. □

引理 7.6： 给定一个标量的微分方程，$z' = h(t, z)$，$z(t') = \eta$，其中 $h(t, z): R \times R \to R$ 为一个函数，$(t', \eta) \in R \times R$ 为给定的初始状态. 假设其有定义在相应的子区间的一个左最大解和一个右最大解分别为 $z_m^-(t, t', \eta)$ 和 $z_m^+(t, t', \eta)$，并且假设存在一个定义在区间 $[t_0 - \tau, \infty)$ 并在子区间 $[t_0, \infty)$ 上连续的函数 $v(t)$，使得对 $t \geqslant t_0$，只要 $v(\theta) \leqslant z_m^-(\theta, t, v(t))$，$\theta \in [t - \tau, t]$，则有 $D^+ v \leqslant h[t, v(t)]$，其中 D^+ 为 Dini 导数. 那么 $v(\theta) \leqslant z_m^-(\theta, t_0, z_0)$，$\theta \in [t_0 - \tau, t_0]$ 意味着 $v(t) \leqslant z_m^+(t, t_0, z_0)$，$t \geqslant t_0$.

引理 7.7： 令 ω 为定义在区间 $[t_0 - \tau, \infty)$ 的非负函数并且在区间 $[t_0, \infty)$ 连续. 假设对 $t \geqslant t_0$，有 $D^+ \omega(t) \leqslant a\omega(t) + b\omega(t - \tau_M) + c\omega(t - \tau_B)$，则有 $\omega(t) \leqslant \bar{\omega}_0 \exp[-\bar{\lambda}(t - t_0)]$，其中 $\bar{\omega}_0 = \sup\limits_{t_0 - \tau \leqslant \theta \leqslant t_0} \omega(\theta)$，$\tau = \max\{\tau_M, \tau_B\}$，并且 $\bar{\lambda} > 0$ 满足

$$a + b\exp(\bar{\lambda}\tau_M) + c\exp(\bar{\lambda}\tau_B) \leqslant -\bar{\lambda}.$$

证明 考虑比较方程 $\dot{z} = -\bar{\lambda}z(t)$，即我们选择引理 7.7 中的 $h(t, z)$ 为 $h(t, z) = -\bar{\lambda}z(t)$. 初始状态为 (t_0, z_0) 的上述方程有唯一解 $z(t, t_0, z_0) = z_0\exp[-\bar{\lambda}(t - t_0)]$. 因此我们有 $z_m^-(t, t_0, z_0) = z_m^+(t, t_0, z_0) = z(t, t_0, z_0)$.

如果对 $\theta \in [t - \tau, t]$ 有 $\omega(\theta) \leqslant z_m^-(\theta, t, \omega(t)) = \omega(t)\exp[-\bar{\lambda}(\theta - t)]$，

这意味着 $\omega(t-\tau_M)\leqslant\omega(t)\exp(\bar\lambda\tau_M)$，$\omega(t-\tau_B)\leqslant\omega(t)\exp(\bar\lambda\tau_B)$．注意到

$$D^+\omega(t)\leqslant a\omega(t)+b\omega(t-\tau_M)+c\omega(t-\tau_B)$$
$$\leqslant(a+b\exp(\bar\lambda\tau_M)+c\omega(\bar\lambda\tau_B))\omega(t)$$
$$\leqslant-\bar\lambda\omega(t),$$

通过选择 $z_0=\bar\omega_0$，有 $\omega(\theta)\leqslant\bar\omega_0\leqslant\bar\omega_0\exp[-\bar\lambda(\theta-t_0)]=z_m^-(\theta,t_0,z_0)$，$\theta\in[t_0-\tau,t_0]$．

由引理 7.6 可得 $\omega(t)\leqslant z_m^+(t,t_0,z_0)=\bar\omega_0\exp[-\bar\lambda(t-t_0)]$，$t\geqslant t_0$．

$\square$

7.2.3　主要结论

定理 7.2：假设条件 7.1 满足，存在对称正定的矩阵 P_{i_k}，$\alpha>0$ 为一个常数，非线性脉冲切换系统(7-25)满足

$$\sum_{i=1}^{k-1}\ln(\rho\beta_i)+\sum_{i=1}^{k-1}b_i(t_i-t_{i-1})+b_k(t-t_{k-1})\leqslant\psi(t_0,t)\leqslant-\alpha(t-t_0),$$

其中

$$b_k=\{\lambda_{\max}[P_{i_k}^{-1}(A_{i_k}^T P_{i_k}+P_{i_k}A_{i_k})]+\frac{a_M^2 a_1^2+\beta_A^2 c_1^2 a_2^2}{\lambda\min(P_{i_k})}+\lambda_{\max}(P_{i_k}^{-1}P_{i_k}^T P_{i_k})\},$$

$$\rho=\max_{1\leqslant i_k\leqslant m}\{\rho_{i_k}^2\},\ \rho_{i_k}=(\lambda_{\max}(P_{i_k})/\lambda_{\min}(P_{i_k}))^{\frac12},\ i_k\in\{1,2,\cdots,m\},$$

并且

$$\lambda_{\max}[(I+B_{2k})^T(I+B_{2k})]\leqslant\beta_k,\ k=1,2,\cdots,$$

则非线性脉冲切换系统(7-25)指数稳定.

证明　构造李雅普诺夫函数如下

$$V_{i_k}(x)=x^T P_{i_k}x,\ i_k\in\{1,2,\cdots,m\}. \tag{7-26}$$

通过计算，有

$$\dot{V}_{i_k}(x) = \dot{x}^{\mathrm{T}} P_{i_k} x + x^{\mathrm{T}} P_{i_k} \dot{x} = x^{\mathrm{T}} (\bar{A}_{i_k}^{\mathrm{T}} P_{i_k} + P_{i_k} \bar{A}_{i_k}) x + 2 \bar{f}^{\mathrm{T}} P_{i_k} x.$$

注意到

$$\bar{f}^{\mathrm{T}} \bar{f} = \alpha_M^2 \bar{g}_1^2(x_3) + \beta_A^2 (x_2 + B^*)^2 \widetilde{g}_2^2(x_3) \leqslant \alpha_M a_1^2 x_3^2 + \beta_A^2 c_1^2 \widetilde{g}_2^2(x_3)$$

$$\leqslant (\alpha_M a_1^2 + \beta_A^2 c_1^2 a_2^2) x_3^2 \leqslant (\alpha_M a_1^2 + \beta_A^2 c_1^2 a_2^2) x^{\mathrm{T}} x$$

$$\leqslant \frac{\alpha_M a_1^2 + \beta_A^2 c_1^2 a_2^2}{\lambda_{\min}(P_{i_k})} x^{\mathrm{T}} P_{i_k} x,$$

则

$$2 \bar{f}^{\mathrm{T}} P_{i_k} x \leqslant \bar{f}^{\mathrm{T}} \bar{f} + x^{\mathrm{T}} P_{i_k}^{\mathrm{T}} P_{i_k} x$$

$$\leqslant \left[\frac{\alpha_M a_1^2 + \beta_A^2 c_1^2 a_2^2}{\lambda_{\min}(P_{i_k})} + \lambda_{\max}(P_{i_k}^{-1} P_{i_k}^{\mathrm{T}} P_{i_k}) \right] x^{\mathrm{T}} P_{i_k} x.$$

由上式可以得到

$$\dot{V}_{i_k}(x) = x^{\mathrm{T}} (\bar{A}_{i_k}^{\mathrm{T}} P_{i_k} + P_{i_k} \bar{A}_{i_k}) x + 2 \bar{f}^{\mathrm{T}} P_{i_k} x$$

$$\leqslant \{ \lambda_{\max} [P_{i_k}^{-1} (\bar{A}_{i_k}^{\mathrm{T}} P_{i_k} + P_{i_k} \bar{A}_{i_k})] + \frac{\alpha_M a_1^2 + \beta_A^2 c_1^2 a_2^2}{\lambda_{\min}(P_{i_k})} +$$

$$\lambda_{\max}(P_{i_k}^{-1} P_{i_k}^{\mathrm{T}} P_{i_k}) \} V_{i_k}(x).$$

故有

$$\dot{V}_{i_k}(x(t)) \leqslant b_k V_{i_k}(x(t)), \ t \in [t_{k-1}, t_k).$$

由上式有

$$V_{i_k}(x(t)) \leqslant V_{i_k}(x(t_{k-1})) \exp[b_k(t - t_{k-1})], \ t \in [t_{k-1}, t_k).$$

$$(7-27)$$

将(7-26)代入(7-27)可以得出

$$\lambda_{\min}(P_{i_k})x^{\mathrm{T}}(t)x(t) \leqslant V_{i_k}(x(t))$$

$$\leqslant \lambda_{\max}(P_{i_k})x^{\mathrm{T}}(t_{k-1})x(t_{k-1})\exp[b_k(t-t_{k-1})],$$

或者

$$w(t) \leqslant \rho w(t_{k-1})\exp[b_k(t-t_{k-1})],\ t \in [t_{k-1},\ t_k),$$

其中 $w(t) = x^{\mathrm{T}}(t)x(t) = \parallel x \parallel^2$. 另一方面,由式(7-25)有

$$w(t_k) = [(I+B_{2k})x(t_k^-)]^{\mathrm{T}}(I+B_{2k})x(t_k^-)$$

$$= x(t_k^-)^{\mathrm{T}}(I+B_{2k})^{\mathrm{T}}(I+B_{2k})x(t_k)$$

$$\leqslant \lambda_{\max}[(I+B_{2k})^{\mathrm{T}}(I+B_{2k})]x^{\mathrm{T}}(t_k^-)x(t_k^-)$$

$$\leqslant \beta_k w(t_k^-),$$

其中 $\beta_k \geqslant 0$, $k = 1,\ 2,\ \cdots$.

对 $t \in [t_0,\ t_1)$, $w(t) \leqslant \rho w(t_0)\exp[b_1(t-t_0)]$, 故

$$w(t_1^-) \leqslant \rho w(t_0)\exp[b_1(t_1-t_0)],$$

并且

$$w(t_1) \leqslant \beta_1 w(t_1^-) \leqslant \rho\beta_1 w(t_0)\exp[b_1(t_1-t_0)].$$

类似地,对 $t \in [t_1,\ t_2)$,

$$w(t) \leqslant \rho w(t_1)\exp[b_2(t-t_1)] \leqslant \rho^2\beta_1 w(t_0)\exp[b_1(t_1-t_0)+b_2(t-t_1)].$$

一般地,对 $t \in [t_{k-1},\ t_k)$, $k = 1,\ 2,\ \cdots$,

$$w(t) \leqslant w(t_0)\rho^k\beta_1\cdots\beta_{k-1}\exp[b_1(t_1-t_0)+b_2(t_2-t_1)+\cdots+b_k(t-t_{k-1})]$$

$$\leqslant w(t_0)\rho\exp[\psi_0(t_0,\ t)],$$

其中

$$\sum_{i=1}^{k-1}\ln(\rho\beta_i) + \sum_{i=1}^{k-1}b_i(t_i-t_{i-1}) + b_k(t-t_{k-1}) \leqslant \psi(t_0,\ t) \leqslant -\alpha(t-t_0).$$

由上述不等式可以得出定理结论. □

定理 7.3: 假设条件 7.1 满足, 并且存在对称正定矩阵 P_{i_k}, $\alpha > 0$, $\gamma > 0$ 为常数, 非线性脉冲切换系统 7-24 满足

(i) $\sum\limits_{i=1}^{k-1} \ln(\bar{\beta}_i) - \sum\limits_{i=1}^{k-1} \bar{\lambda}_i (t_i - t_{i-1}) - \bar{\lambda}_k (t - t_{k-1}) \leqslant \psi(t_0, t) \leqslant -\alpha(t - t_0) + \gamma$, 其中

$$\bar{\beta}_i = \max\left\{ \exp\int_{t_i-\tau}^{t_i} \bar{\lambda}_i \, \mathrm{d}s, \beta_i \right\}, \quad a_k + b_k \exp(\bar{\lambda}_k \tau_M) + c_k \exp(\bar{\lambda}_k \tau_B) \leqslant -\bar{\lambda}_k,$$

$$a_k = \left\{ \lambda_{\max} P_{i_k}^{-1}[A_{i_k}^{\mathrm{T}} P_{i_k} + P_{i_k} A_{i_k}] + 3\lambda_{\max}(P_{i_k}^{-1} P_{i_k}^{\mathrm{T}} P_{i_k}) + \frac{\beta_A^2 c_1^2 a_2^2}{\lambda_{\min}(P_{i_k})} \right\},$$

$$b_k = \frac{\alpha_M^2 a_3^2}{\lambda_{\min}(P_{i_k})}, \quad c_k = \frac{\alpha_B^2}{\lambda_{\min}(P_{i_k})},$$

并且 $\lambda_{\max}\{P_{i_k}^{-1}[(I + B_{2k})^{\mathrm{T}} P_{i_k}(I + B_{2k})]\} \leqslant \beta_{k-1}$, $i_k \in \{1, 2, \cdots, m\}$;

(ii) $t_{k+1} - t_k \geqslant \tau$, $k = 1, 2, \cdots$;

则非线性脉冲切换系统(7-24)指数稳定.

证明 构造李雅普诺夫函数如下: $V_{i_k}(x(t)) = x^{\mathrm{T}} P_{i_k} x$, $i_k \in \{1, 2, \cdots, m\}$.

我们有

$$\dot{V}_{i_k}(x(t)) = \dot{x}^{\mathrm{T}} P_{i_k} x + x^{\mathrm{T}} P_{i_k} \dot{x} = x^{\mathrm{T}}(\widetilde{A}_{i_k}^{\mathrm{T}} P_{i_k} + P_{i_k} \widetilde{A}_{i_k}) x + 2 \widetilde{f}_1^{\mathrm{T}} P_{i_k} x + 2 \widetilde{f}_2^{\mathrm{T}} P_{i_k} x + 2 \widetilde{f}_3^{\mathrm{T}} P_{i_k} x.$$

注意到

$$\widetilde{f}_1^{\mathrm{T}} \widetilde{f}_1 = \alpha_M^2 \widetilde{g}_1^2(x_3(t - \tau_M)) \leqslant \alpha_M^2 a_3^2 x_3^2(t - \tau_M)$$
$$\leqslant \alpha_M^2 a_3^2 x^{\mathrm{T}}(t - \tau_M) x(t - \tau_M)$$
$$\leqslant \frac{\alpha_M^2 a_3^2}{\lambda_{\min}(P_{i_k})} x^{\mathrm{T}}(t - \tau_M) P_{i_k} x(t - \tau_M),$$

$$\widetilde{f}_2^{\mathrm{T}}\widetilde{f}_2 = \alpha_B^2 \mathrm{e}^{-2\mu\tau_B}x_1^2(t-\tau_B) \leqslant \alpha_B^2 x_1^2(t-\tau_B) \leqslant \alpha_B^2 x^{\mathrm{T}}(t-\tau_B)x(t-\tau_B)$$

$$\leqslant \frac{\alpha_B^2}{\lambda_{\min}(P_{i_k})}x^{\mathrm{T}}(t-\tau_B)P_{i_k}x(t-\tau_B),$$

$$\widetilde{f}_3^{\mathrm{T}}\widetilde{f}_3 = \beta_A^2(x_2+B^*)^2\widetilde{g}_2^2(x_3) \leqslant \beta_A^2 c_1^2 \widetilde{g}_2^2(x_3)$$

$$\leqslant \beta_A^2 c_1^2 a_2^2 x_3^2 \leqslant \beta_A^2 c_1^2 a_2^2 x^{\mathrm{T}}x \leqslant \frac{\beta_A^2 c_1^2 a_2^2}{\lambda_{\min}(P_{i_k})}x^{\mathrm{T}}P_{i_k}x,$$

则

$$2\widetilde{f}_1^{\mathrm{T}}P_{i_k}x \leqslant \widetilde{f}_1^{\mathrm{T}}\widetilde{f}_1 + x^{\mathrm{T}}P_{i_k}^{\mathrm{T}}P_{i_k}x$$

$$\leqslant \frac{\alpha_M^2 a_3^2}{\lambda_{\min}(P_{i_k})}x^{\mathrm{T}}(t-\tau_M)P_{i_k}x(t-\tau_M) +$$

$$\lambda_{\max}(P_{i_k}^{-1}P_{i_k}^{\mathrm{T}}P_{i_k})x^{\mathrm{T}}P_{i_k}x,$$

$$2\widetilde{f}_2^{\mathrm{T}}P_{i_k}x \leqslant \widetilde{f}_2^{\mathrm{T}}\widetilde{f}_2 + x^{\mathrm{T}}P_{i_k}^{\mathrm{T}}P_{i_k}x$$

$$\leqslant \frac{\alpha_B^2}{\lambda_{\min}(P_{i_k})}x^{\mathrm{T}}(t-\tau_B)P_{i_k}x(t-\tau_B) +$$

$$\lambda_{\max}(P_{i_k}^{-1}P_{i_k}^{\mathrm{T}}P_{i_k})x^{\mathrm{T}}P_{i_k}x,$$

$$2\widetilde{f}_3^{\mathrm{T}}P_{i_k}x \leqslant \widetilde{f}_3^{\mathrm{T}}\widetilde{f}_3 + x^{\mathrm{T}}P_{i_k}^{\mathrm{T}}P_{i_k}x,$$

$$\leqslant \frac{\beta_A^2 c_1^2 a_2^2}{\lambda_{\min}(P_{i_k})}x^{\mathrm{T}}P_{i_k}x + \lambda_{\max}(P_{i_k}^{-1}P_{i_k}^{\mathrm{T}}P_{i_k})x^{\mathrm{T}}P_{i_k}x.$$

可以得到

$$\dot{V}_{i_k}(x) = x^{\mathrm{T}}(\widetilde{A}_{i_k}^{\mathrm{T}}P_{i_k} + P_{i_k}\widetilde{A}_{i_k})x + 2\widetilde{f}_1^{\mathrm{T}}P_{i_k}x + 2\widetilde{f}_2^{\mathrm{T}}P_{i_k}x + 2\widetilde{f}_3^{\mathrm{T}}P_{i_k}x$$

$$\leqslant \left\{\lambda_{\max}[P_{i_k}^{-1}(A_{i_k}^{\mathrm{T}}P_{i_k} + P_{i_k}A_{i_k})] + 3\lambda_{\max}(P_{i_k}^{-1}P_{i_k}^{\mathrm{T}}P_{i_k}) + \right.$$

$$\left.\frac{\beta_A^2 c_1^2 a_2^2}{\lambda_{\min}(P_{i_k})}\right\}V_{i_k}(x(t)) + \frac{\alpha_M^2 a_3^2}{\lambda_{\min}(P_{i_k})}V_{i_k}(x(t-\tau_M)) +$$

$$\frac{\alpha_B^2}{\lambda_{\min}(P_{i_k})}V_{i_k}(x(t-\tau_B))$$

$$\leqslant a_k V_{i_k}(x(t)) + b_k V_{i_k}(x(t-\tau_M)) + c_k V_{i_k}(x(t-\tau_B)).$$

令 $\omega_k(t) = V_{i_k}(x(t))$，由引理 7.7 有

$$\omega_k(t) \leqslant \bar{\omega}(t_{k-1}) \exp\{-\bar{\lambda}_k(t-t_{k-1})\}, \ t \in [t_{k-1}, t_k), \quad (7-28)$$

其中 $\bar{\omega}(t_{k-1}) = \max\{\sup\limits_{t_{k-1}-\tau \leqslant \theta < t_{k-1}} \omega_{k-1}(\theta), \ \omega_k(t_{k-1})\}$，$\bar{\lambda}_k$ 满足 $a_k + b_k \exp(\bar{\lambda}_k \tau_m) + c_k \exp(\bar{\lambda}_k \tau_B) \leqslant -\bar{\lambda}_k$.

另一方面，

$$\begin{aligned}
\omega_k(t_{k-1}) &= [(I+B_{2k})x(t_{k-1}^-)]^{\mathrm{T}} P_{i_k}(I+B_{2k})x(t_{k-1}^-) \\
&= x^{\mathrm{T}}(t_{k-1}^-)(I+B_{2k})^{\mathrm{T}} P_{i_k}(I+B_{2k})x(t_{k-1}^-) \\
&\leqslant \lambda_{\max}[P_{i_k}^{-1}(I+B_{2k})^{\mathrm{T}} P_{i_k}(I+B_{2k})]x^{\mathrm{T}}(t_{k-1}^-) P_{i_k} x(t_{k-1}^-) \\
&\leqslant \beta_{k-1} \omega_{k-1}(t_{k-1}^-).
\end{aligned}$$

因此，对 $t \in [t_0, t_1)$，由 (7-28) 以及 $t_k - t_{k-1} \geqslant \tau$，有

$$\begin{aligned}
\bar{\omega}(t_1) &= \max\{\sup\limits_{t_1-\tau \leqslant \theta < t_1}(\omega_1(\theta)), \ \omega_2(t_1)\} \\
&\leqslant \max\left\{\bar{\omega}(t_0)\exp\left(-\int_{t_0}^{t_1-\tau}\bar{\lambda}_1 \mathrm{d}s\right), \ \beta_1 \omega_1(t_1^-)\right\} \\
&= \max\left\{\bar{\omega}(t_0)\exp\left(-\int_{t_0}^{t_1-\tau}\bar{\lambda}_1 \mathrm{d}s\right), \ \beta_1 \bar{\omega}(t_0)\exp[-\bar{\lambda}_1(t_1-t_0)]\right\} \\
&= \bar{\omega}(t_0)\exp[-\bar{\lambda}_1(t_1-t_0)] \cdot \max\left\{\exp\left(\int_{t_1-\tau}^{t_1}\bar{\lambda}_1 \mathrm{d}s\right), \ \beta_1\right\} \\
&= \bar{\beta}_1 \bar{\omega}(t_0)\exp[-\bar{\lambda}_1(t_1-t_0)].
\end{aligned}$$

对 $t \in [t_1, t_2)$，由 (7-28) 可以得到

$$\begin{aligned}
\omega_2(t) &\leqslant \bar{\omega}(t_1)\exp[-\bar{\lambda}_2(t-t_1)] \\
&\leqslant \bar{\beta}_1 \bar{\omega}(t_0)\exp[-\bar{\lambda}_1(t_1-t_0)-\bar{\lambda}_2(t-t_1)],
\end{aligned}$$

并且

$$\bar{\omega}(t_2) = \max\{\sup_{t_2-\tau \leqslant \theta < t_2} (\omega_2(\theta)), \omega_3(t_2)\}$$

$$\leqslant \bar{\beta}_1 \bar{\beta}_2 \bar{\omega}(t_0) \exp\{-\bar{\lambda}_1(t_1-t_0) - \bar{\lambda}_2(t_2-t_1)\}.$$

对 $t \in [t_2, t_3)$,

$$\omega_3(t) \leqslant \bar{\omega}(t_2) \exp[-\bar{\lambda}_3(t-t_2)]$$

$$\leqslant \bar{\beta}_1 \bar{\beta}_2 \bar{\omega}(t_0) \exp\{-\bar{\lambda}_1(t_1-t_0) - \bar{\lambda}_2(t_2-t_1) - \bar{\lambda}_3(t-t_2)\}.$$

由数学归纳法,对 $t \in [t_{k-1}, t_k)$,我们可以得出

$$\omega_k(t) \leqslant \bar{\omega}(t_{k-1}) \exp\{-\bar{\lambda}_k(t-t_{k-1})\}$$

$$\leqslant \left(\prod_{i=1}^{k-1} \bar{\beta}_i\right) \bar{\omega}(t_0) \exp\left\{-\sum_{i=1}^{k-1} \bar{\lambda}_i(t_i-t_{i-1}) - \bar{\lambda}_k(t-t_{k-1})\right\}$$

$$\leqslant \bar{\omega}(t_0) \exp\{\psi(t_0, t)\}.$$

因此

$$V_k(x(t)) \leqslant \bar{V}(x(t_0)) \exp\{\psi(t_0, t)\}, \qquad (7-29)$$

其中 $\bar{V}(x(t_0)) = \sup_{t_0-\tau \leqslant \theta \leqslant t_0} V(x(\theta))$. 注意到

$$\bar{V}(x(t_0)) = \sup_{t_0-\tau \leqslant \theta \leqslant t_0} V(x(\theta)) \leqslant \lambda_{\max}(P_{i_k}) x^{\mathrm{T}}(\theta) x(\theta) = \lambda_{\max}(P_{i_k}) \|\phi\|^2,$$

由(7-29),可以得到

$$\lambda_{\min}(P_{i_k}) x^{\mathrm{T}}(t) x(t) \leqslant \lambda_{\max}(P_{i_k}) \|\phi\|^2 \exp\{\psi(t_0, t)\}.$$

故有

$$\|x(t)\| \leqslant \max\left\{\left[\frac{\lambda_{\max}(P_{i_k})}{\lambda_{\min}(P_{i_k})}\right]^{\frac{1}{2}}\right\} \cdot \|\phi\| \exp\left\{\frac{\psi(t_0, t)}{2}\right\},$$

即

$$\|x(t)\| \leqslant \rho \|\phi\| \exp\left\{\frac{-\alpha(t-t_0)}{2}\right\},$$

其中 $\rho = \max\left\{\left[\dfrac{\lambda_{\max}(P_{i_k})}{\lambda_{\min}(P_{i_k})}\right]^{\frac{1}{2}}\right\} + \exp\left(\dfrac{\gamma}{2}\right).$ □

7.2.4　数值例子

例 7.2： 考虑如下的不具有时滞的系统：

$$\begin{cases} \dfrac{\mathrm{d}M}{\mathrm{d}t} = 3\,\dfrac{1+A^6}{5+A^6} - M, \\[2mm] \dfrac{\mathrm{d}B}{\mathrm{d}t} = M - B, \\[2mm] \dfrac{\mathrm{d}A}{\mathrm{d}t} = B - B\,\dfrac{A}{1+A} - \dfrac{1}{2}A. \end{cases} \tag{7-30}$$

假设 $A \geqslant c_2 = 1$. 令 (M^*, B^*, A^*) 为平衡点，可以证明 $(M^*, B^*, A^*) = (1, 1, 1)$. 构造脉冲切换控制，其中

$$B_{1k} \equiv \begin{bmatrix} -\left(72+\dfrac{1}{32}c_1^2\right) & 0 & 0 \\[3mm] -1 & -\left(73+\dfrac{1}{32}c_1^2\right) & 0 \\[3mm] 0 & -\dfrac{1}{2} & -\left(\dfrac{147}{2}+\dfrac{1}{32}c_1^2\right) \end{bmatrix},$$

$B_{2k} \equiv \begin{bmatrix} -2 & 0 & 0 \\ 0 & 0 & 0 \\ 0 & 0 & 0 \end{bmatrix}.$ 令 $x_1 = M-M^*$, $x_2 = B-B^*$, $x_3 = A-A^*$,

$x = [x_1, x_2, x_3]^{\mathrm{T}}$，则具有脉冲切换控制的系统(7-30)可以重新写为：

$$\begin{cases} \dot{x} = \bar{A}_k x + \bar{f}(x), \ t \in [t_{k-1}, t_k), \\ \Delta x = B_{2k}x(t_k^-), \ t = t_k, \\ x(t_0) = x_0, \ k = 1, 2, \cdots, \end{cases} \tag{7-31}$$

其中 $\bar{A}_k = \bar{A} + B_{1k}$, $\bar{A} = \begin{bmatrix} -1 & 0 & 0 \\ 1 & -1 & 0 \\ 0 & \dfrac{1}{2} & -\dfrac{1}{2} \end{bmatrix}$,

$$\bar{f}(x) = \begin{bmatrix} 3\bar{g}_1(x_3) \\ 0 \\ -(x_2+1)\tilde{g}_2(x_3) \end{bmatrix}.$$

由引理 7.5 可以证明：$\dfrac{\bar{g}_1(x_3)}{x_3} \leqslant a_1 = 4$, $\dfrac{\tilde{g}_2(x_3)}{x_3} \leqslant a_2 = \dfrac{1}{4}$. 令

$P_k \equiv I_3$, 注意到其为对称正定矩阵, 可以得到 $\rho = 1$. 通过计算有:

$\lambda_{\max}[(I+B_{2k})^{\mathrm{T}}(I+B_{2k})] \equiv 1$, 则令 $\beta_k \equiv 1$, 有 $\sum\limits_{i=1}^{k-1} \ln(\rho\beta_i) \equiv 0$. 注意到

$\lambda_{\max}[P_k^{-1}(A_k^{\mathrm{T}}P_k + P_kA_k)] = -\left(146 + \dfrac{1}{16}c_1^2\right)$, $\dfrac{\alpha_M^2 a_1^2 + \beta_A^2 c_1^2 a_2^2}{\lambda_{\min}(P_k)} = 144 +$

$\dfrac{1}{16}c_1^2$, $\lambda_{\max}(P_k^{-1}P_k^{\mathrm{T}}P_k) = 1$, 则 $b_k \equiv -1$. 令 $\psi(t_0, t) = -(t-t_0)$, $\alpha = 1$, 有

$$\sum_{i=1}^{k-1} \ln(\rho\beta_i) + \sum_{i=1}^{k-1} b_i(t_i - t_{i-1}) + b_k(t - t_{k-1}) = b_k(t - t_0)$$

$$= -(t-t_0) = \psi(t_0, t) = -\alpha(t-t_0).$$

由定理 7.2, 非线性脉冲切换系统(7-31)为指数稳定的.

注释 7.5: 在平衡点(1, 1, 1)附近线性化系统(7-30)可以得到:

$$\frac{\mathrm{d}x}{\mathrm{d}t} = \begin{bmatrix} -1 & 0 & 2 \\ 1 & -1 & 0 \\ 0 & \dfrac{1}{2} & -\dfrac{3}{4} \end{bmatrix} x, \tag{7-32}$$

上式意味着特征值为 λ 的特征多项式有如下形式:

$$\det = \begin{vmatrix} \lambda+1 & 0 & -2 \\ -1 & \lambda+1 & 0 \\ 0 & -\dfrac{1}{2} & \lambda+\dfrac{3}{4} \end{vmatrix} = (\lambda+1)^2 \left(\lambda+\dfrac{3}{4}\right) - 1,$$

注意到(7-32)的常系数矩阵有一个正的特征值,故(7-32)的平凡解不稳定.

例 7.3:考虑系统如下的具有时滞的系统:

$$\begin{cases} \dfrac{\mathrm{d}M}{\mathrm{d}t} = 3\,\dfrac{1+A_{\tau_M}^6}{5+A_{\tau_M}^6} - M,\ A_{\tau_M} = A(t-\tau_M), \\[2mm] \dfrac{\mathrm{d}B}{\mathrm{d}t} = M_{\tau_B} - B,\ M_{\tau_B} = M(t-\tau_B), \\[2mm] \dfrac{\mathrm{d}A}{\mathrm{d}t} = B - B\,\dfrac{A}{1+A} - \dfrac{1}{2}A, \end{cases} \qquad (7\text{-}33)$$

其中 $\tau_M = \tau_B = \ln 2$. 假设 $A \geqslant c_2 = 1$.

令 (M^*, B^*, A^*) 为平衡点. 可以证明 $(M^*, B^*, A^*) = (1, 1, 1)$. 构造脉冲切换控制,其中

$$B_{1k} \equiv \begin{bmatrix} -\left(149+\dfrac{1}{32}c_1^2\right) & 0 & 0 \\[3mm] 0 & -\left(149+\dfrac{1}{32}c_1^2\right) & 0 \\[3mm] 0 & -\dfrac{1}{2} & -\left(150+\dfrac{1}{32}c_1^2\right) \end{bmatrix},$$

$B_{2k} \equiv \begin{bmatrix} -2 & 0 & 0 \\ 0 & 0 & 0 \\ 0 & 0 & 0 \end{bmatrix}$. 令 $x_1 = M-M^*$,$x_2 = B-B^*$,$x_3 = A-A^*$,$x = [x_1, x_2, x_3]^{\mathrm{T}}$,脉冲和切换控制作用下的系统(7-33)可以写为:

$$\begin{cases} \dot{x} = \widetilde{A}_k x + \widetilde{f}_1(x(t-\tau_M)) + \widetilde{f}_2(x(t-\tau_B)) + \widetilde{f}_3(x), \ t \in [t_{k-1}, t_k), \\ \Delta x = B_{2k} x(t_k^-), \ t = t_k, \\ x(\theta) = \phi(\theta), \ \theta \in [t_0 - \tau, t_0), \ k = 1, 2, \cdots, \end{cases}$$

$$(7-34)$$

其中 $\widetilde{A}_k = \widetilde{A} + B_{1k}$, $\widetilde{A} = \begin{bmatrix} -1 & 0 & 0 \\ 0 & -1 & 0 \\ 0 & \dfrac{1}{2} & -\dfrac{1}{2} \end{bmatrix}$, $\widetilde{f}_1(x(t-\tau_M)) =$

$\begin{bmatrix} 3\widetilde{g}_1(x_3(t-\tau_M)) \\ 0 \\ 0 \end{bmatrix}$, $\widetilde{f}_2(x(t-\tau_B)) = \begin{bmatrix} 0 \\ x_1(t-\tau_B) \\ 0 \end{bmatrix}$, $\widetilde{f}_3(x) =$

$\begin{bmatrix} 0 \\ 0 \\ -(x_2+1)\widetilde{g}_2(x_3) \end{bmatrix}$, $\widetilde{g}_1(x_3(t-\tau_M)) = \dfrac{1+[x_3(t-\tau_M)+1]^6}{5+[x_3(t-\tau_M)+1]^6} - \dfrac{1}{3}$,

$\widetilde{g}_2(x_3) = \dfrac{x_3+1}{2+x_3} - \dfrac{1}{2}$.

由引理 7.5 有 $\dfrac{\widetilde{g}_1(x_3(t-\tau_M))}{x_3(t-\tau_M)} \leqslant a_3 = 4$, $\dfrac{g_2(x_3)}{x_3} \leqslant a_2 = \dfrac{1}{4}$. 令 $P_k \equiv I_3$, 为对称正定矩阵. 注意到 $\lambda_{\max}\{P_{k-1}^{-1}[(I+B_{2k})^{\mathrm{T}} P_k(I+B_{2k})]\} \equiv 1$, 则令 $\beta_{k-1} \equiv 1$. 通过计算可得: $\lambda_{\max}\{P_k^{-1}[(\widetilde{A}_k^{\mathrm{T}} P_k + P_k \widetilde{A}_k)]\} = -\left(300 + \dfrac{1}{16}c_1^2\right)$, $a_k = -\left(300 + \dfrac{1}{16}c_1^2\right) + 3 + \dfrac{1}{16}c_1^2 = -297$, $b_k = 144$, $c_k = 4$. 令 $\bar{\lambda}_k \equiv 1$, 可以证明: $\bar{\beta}_i = \max\left\{\exp\int_{t_i-\tau}^{t_i} \bar{\lambda}_{i-1}, \beta_i\right\} \equiv 2$, $a_k + b_k \exp(\bar{\lambda}_k \tau_M) + c_k \exp(\bar{\lambda}\tau_B) = -\bar{\lambda}_k$. 令 $\alpha = 1$, $\gamma = (m-1)\ln 2$, $\psi(t_0, t) = -(t-t_0) + (m-1)\ln 2$, 可以得到:

$$\sum_{i=1}^{k-1} \ln 2 - \sum_{i=1}^{k-1} \bar{\lambda}_i(t_i - t_{i-1}) - \bar{\lambda}_k(t - t_{k-1})$$

$$\leqslant (m-1)\ln 2 - (t - t_0) = \psi(t_0, t) = -\alpha(t - t_0) + \gamma,$$

则由定理 7.3,非线性脉冲切换系统(7 - 34)指数稳定.

注释 7.6:在平衡点$(1,1,1)$附近线性化系统(7 - 33)可以得到:

$$\begin{cases} \dfrac{\mathrm{d}x_1}{\mathrm{d}t} = -x_1 + 2x_3(t - \tau_M), \\[2mm] \dfrac{\mathrm{d}x_2}{\mathrm{d}t} = x_1(t - \tau_B) - x_2, \\[2mm] \dfrac{\mathrm{d}x_3}{\mathrm{d}t} = \dfrac{1}{2}x_2 - \dfrac{3}{4}x_3. \end{cases} \qquad (7 - 35)$$

特征值 λ 的特征多项式为:

$$\det = \begin{vmatrix} \lambda + 1 & 0 & -2e^{-\lambda\tau_M} \\ -e^{-\lambda\tau_B} & \lambda + 1 & 0 \\ 0 & -\dfrac{1}{2} & \lambda + \dfrac{3}{4} \end{vmatrix} = (\lambda + 1)^2\left(\lambda + \dfrac{3}{4}\right) - e^{-\lambda\tau_M}e^{-\lambda\tau_B}.$$

注意到 $\lambda = 0$,$\det = -\dfrac{1}{4} < 0$,$\lambda = 1$,$\det = \dfrac{27}{4} > 0$,即系统(7 - 35)常系

数矩阵有一个正的特征值,故(7 - 35)的平凡解不稳定.

本章部分结果来源于作者在学期间文献[1]和[3].

第 8 章

结论与展望

8.1 结　　论

本书对几类基因调控系统的分析与控制问题进行了研究,得到了一些结果,具体如下:

1. 利用 Floyd 算法讨论了布尔网络的可控性以及布尔网络的时间最优控制,并给出了算法以及控制策略.最后研究了布尔网络的无限时域的最优控制问题.充分考虑到布尔网络的具有循环的特性,给出了布尔网络的无限时域的最优控制的算法设计.

2. 充分考虑到逻辑系统自身的特点,得到了多值逻辑系统全局与局部稳定、镇定的充分必要条件.在所得到的镇定结果的基础上研究了两种情况下的多值逻辑系统的全局与局部的同步问题,其中一种情况为多值逻辑系统的轨线最终进入到不动点,另一种情况为该轨线最终进入极限圈,并分别给出了相应的控制策略.

3. 给出了概率布尔网络在时间 $t = s$ 以概率 1 可控的充分必要条件,并给出了其可控、全局可控的充分条件.同时,研究了在两类控制下该系统以概率 1 稳定与镇定的充分必要条件.

4. 首次提出了具有脉冲效应的布尔网络.应用迭代算法和反证法得到了该系统稳定、镇定的充分必要条件.应用线性系统理论的知识得到了该系统可观的充分必要条件.

5. 研究了具有常数时滞的布尔网络的可控性以及可观测性,得到了充分必要条件.讨论了 μ 阶布尔网络的可控性,同时考虑了该系统的模型重构问题.最后,考虑了具有变时滞的布尔网络,给出了可控的充分必要条件,并在此基础上考虑了 Mayer 型的最优控制问题,给出了算法以及控制策略的设计.

6. 利用比较定理的方法,研究了脉冲控制下的一类基因调控系统的镇定问题.构造李雅普诺夫函数,考虑了脉冲切换控制下的乳糖操纵子模型镇定的充分条件.

8.2 展　　望

对于基因调控系统的分析与控制问题,还有很多有待解决的问题,以及许多需要完善的结果.

1. 布尔网络的最优控制问题.对于布尔网络的具有贴现因子的无限时域最优控制问题,我们给出了算法.但我们注意到,此算法在节点较多的情况下计算量大.因此如何找到更有效的算法非常有意义.此外,对有限时域的最优控制问题,如果寻找更好的算法也是下一步工作的重点.

2. 我们给出了概率布尔网络在时间 $t = s$ 可控的充分必要条件.但对于该网络的可控性和全局可控性,我们只给出了充分条件.如何利用概率布尔网络的自身性质给出其充分必要条件也是非常有挑战性的.

3. 分段连续以及分段仿射形式的基因调控系统的分析与控制问题.此

类系统包含逻辑以及微分形式,是非常复杂的混杂系统.关于此类系统的研究还大多停留在对具体系统的仿真研究层次上,仅有少数的文章研究了它的可达性以及可控性.应该说,对此类系统的研究以及认识是远远不够的.因此,对此类系统的分析与控制问题是值得研究的.

参考文献

[1] De Jong H. Modeling and simulation of genetic regulatory systems: a literature review [J]. Journal of computational biology, 2002, 9(1): 67 - 103.

[2] Kaffuman S. Metabolic stability and epigenesis in randomly constructed genetic nets [J]. Journal of theoretical biology, 1969, 22(3): 437 - 467.

[3] 米歇尔·沃尔德罗普. 复杂[M]. 陈玲, 译. 北京: 三联书店, 1997.

[4] Li Z, Cheng D. Algebraic approach to dynamics of multivalued networks [J]. Int. J. Bifurcation and chaos, 2010, 20(3): 561 - 582.

[5] Shmulevich I, Dougherty E, Kim S, et al. Probabilistic Boolean networks: a rule-based uncertainty model for gene regulatory networks [J]. Bioinformatics, 2002, 18(2): 261 - 274.

[6] Lakshmikantham V, Baunov D, Simeonov P. Theory of impulsive differential equations [M]. Singapore: World Scientific, 1989.

[7] Yang T. Impulsive control theory [M]. Springer, 2001.

[8] Zhang Y, Sun J, Feng G. Impulsive control of discrete systems with time delay [J]. IEEE Trans. Automat. Control, 2009, 54(4): 830 - 834.

[9] Guan Z, Liu Z, Feng G, et al. Synchronization of complex dynamical networks with time-varying delays via impulsive distributed control [J]. IEEE Transactions on Circuits and Systems I: Regular Papers, 2010, 57(8):

2182 - 2195.

[10] Li F，Sun J. Stability and stabilization of Boolean networks with impulsive effects [J]. Systems & Control Letters，2012，61(1)：1 - 5.

[11] Wu M，He Y，She J，et al. Stability analysis and robust control of time-delay systems [M]. Springer，2010.

[12] Stefanovic N，Pavel L. An analysis of stability with time-delay of link level power control in optical networks [J]. Automatica，2009，45(1)：149 - 154.

[13] Meng X，Lam J，Du B，et al. A delay-partitioning approach to the stability analysis of discrete-time systems [J]. Automatica，2010，46(3)：610 - 614.

[14] Peet M，Papachristodoulou A，Lall S. Positive forms and stability of linear time-delay systems [J]. SIAM J. Control and Optimization，2009，47：3237 - 3258.

[15] Ghil M，Zaliapin I，Coluzzi B. Boolean delay equations：A simple way of looking at complex systems [J]. Physica D：Nonlinear Phenomena，2008，237(23)：2967 - 2986.

[16] Silvescu A，Honavar V. Temporal boolean network models of genetic networks and their inference from gene expression time series [J]. Complex Systems，2001，13(1)：61 - 78.

[17] Liu Y，Zhao S. Controllability analysis of linear time-varying systems with multiple time delays and impulsive effects [J]. Nonlinear Analysis：Real World Applications，2012，13(1)：61 - 78.

[18] Coron J，Wang Z. Controllability for a scalar conservation law with nonlocal velocity [J]. Journal of Differential Equations，2012，252(1)：181 - 201.

[19] Wan X，Sun J. Approximate controllability for abstract measure differential systems [J]. Systems & Control Letters，2012，61(1)：50 - 54.

[20] Petreczky M，Van Schuppen J. Span-reachability and observability of bilinear hybrid systems [J]. Automatica，2010，46(3)：501 - 509.

[21] Fu X，Yong J，Zhang X. Controllability and observability of a heat equation with hyperbolic memory kernel [J]. Journal of Differential Equations，2009，247(8)：

2395 - 2439.

[22] Bemporad A, Ferrari-Trecate G, Morari M. Observability and controllability of piecewise affine and hybrid systems [J]. IEEE Trans. Automat. Control, 2000, 45(10): 1864 - 1876.

[23] Samuelsson B, Troein C. Superpolynomial growth in the number of attractors in Kauffman networks [J]. Physical Review Letters, 2003, 90(9): 98701.

[24] Drossel B, Mihaljev T, Greil F. Number and length of attractors in a critical Kauffman model with connectivity one [J]. Physical Review Letters, 2005, 94 (8): 88701.

[25] Heidel J, Maloney J, Farrow C, et al. Finding cycles in synchronous Boolean networks with applications to biochemical systems [J]. Int. J. Bifurcation and chaos, 2003, 13(3): 535 - 552.

[26] Albert R, Barabási A. Dynamics of complex systems: Scaling laws for the period of Boolean networks [J]. Physical Review Letters, 2000, 84(24): 5660 - 5663.

[27] Irons D. Improving the efficiency of attractor cycle identification in Boolean networks [J]. Physica D, 2006, 217(1): 7 - 21.

[28] Harris S, Sawhill B, Wuensche A, et al. A model of transcriptional regulatory networks based on biases in the observed regulation rules [J]. Complexity, 2002, 7(4): 23 - 40.

[29] Albert R, Othmer H. The topology of the regulatory interactions predicts the expression pattern of the segment polarity genes in Drosophila melanogaster [J]. Journal of Theoretical Biology, 2003, 223(1): 1 - 18.

[30] Cheng D, Qi H. A linear representation of dynamics of Boolean networks [J]. IEEE Trans. Automat. Control, 2010, 55(10): 2251 - 2258.

[31] Cheng D. Semi-tensor product of matrices and its application to Morgen's problem [J]. Science in China Series F: Information Sciences, 2001, 44(3): 195 - 212.

[32] Cheng D, Dong Y. Semi-tensor product of matrices and its some applications to

physics [J]. Methods and Applications of Analysis，2003，10(4)：565 - 588.

[33] Cheng D. Some applications of semi-tensor product of matrices in algebra [J].
Computers and Mathematics with Applications，2006，52(6 7)：1045 - 1066.

[34] Cheng D，Hu X，Wang Y. Non-regular feedback linearization of nonlinear
systems via a normal form algorithm [J]. Automatica，2004，40(3)：439 - 447.

[35] Cheng D，Ma J，Lu Q，et al. Quadratic form of stable sub-manifold for power
systems [J]. Int. J. Robust. Nonlinear Control，2004，14(9 - 10)：773 - 788.

[36] Cheng D，Yang G，Xi Z. Nonlinear systems possessing linear symmetry [J].
Int. J. Robust. Nonlinear Control，2007，17(1)：51 - 81.

[37] 梅生伟,刘锋,薛安成.电力系统暂态分析中的半张量积方法[M].北京：清华大
学出版社,2010.

[38] 程代展,齐洪胜.矩阵的半张量积：理论与应用[M].科学出版社,2007.

[39] Cheng D，Qi H，Li Z. Analysis and Control of Boolean Networks：A Semi-
tensor Product Approach [M]. Springer Verlag，2011.

[40] Akutsu T，Hayashida M，Ching W，et al. Control of Boolean networks：
hardness results and algorithms for tree structured networks [J]. Journal of
Theoretical Biology，2007，244(4)：670 - 679.

[41] Cheng D，Qi H. Controllability and observability of Boolean control networks
[J]. Automatica，2009，45(7)：1659 - 1667.

[42] Zhao Y，Qi H，Cheng D. Input-state incidence matrix of Boolean control
networks and its applications [J]. Systems & Control Letters，2010，59(12)：
767 - 774.

[43] Li F，Sun J. Time optimal control and infinite-horizon optimal control of a
Boolean control network. submitted.

[44] Laschov D，Margaliot M. Controllability of Boolean control networks via Perron-
Frobenius theory [J]. Automatica，2012，48(6)：1218 - 1223.

[45] Cheng D，Qi H，Li Z，et al. Stability and stabilization of Boolean networks [J].
Int. J. Robust Nonlinear Control，2011，21(2)：134 - 156.

[46] Laschov D, Margaliot M. A maximum principle for single-input Boolean control networks [J]. IEEE Trans. Automat. Control, 2011, 56: 913 – 917.

[47] Cheng D. Input-state approach to Boolean networks [J]. IEEE Trans. Neural Networks, 2009, 20(3): 512 – 521.

[48] Cheng D, Qi H. State-space analysis of Boolean networks [J]. IEEE Trans. Neural Networks, 2010, 21(4): 584 – 594.

[49] Cheng D. Disturbance decoupling of Boolean control networks [J]. IEEE Trans. Automat. Control, 2011, 56(1): 2 – 10.

[50] Yao J, Feng J. Comments on "Disturbance Decoupling of Boolean Control Networks" [J]. IEEE Trans. Automat. Control, 2011, 56(12): 3001 – 3002.

[51] Cheng D, Qi H, Li Z. Model construction of Boolean network via observed data [J]. IEEE Trans. Neural Networks, 2011, (99): 1 – 12.

[52] Cheng D, Li Z, Qi H. Realization of Boolean control networks [J]. Automatica, 2010, 46(1): 62 – 69.

[53] Cheng D, Zhao Y. Identification of Boolean control networks [J]. Automatica, 2011, 47(4): 702 – 710.

[54] Zhao Y, Li Z, Cheng D. Optimal control of logical control networks [J]. IEEE Trans. Automat. Control, 2011, 56(8): 1766 – 1776.

[55] Zhao Y. A Floyd-like algorithm for optimization of mix-valued logical control networks [C]//Proceedings of the 30th Chinese Control Conference (CCC), 2011. 1972 – 1977.

[56] Brun M, Dougherty E, Shmulevich I. Steady-state probabilities for attractors in probabilistic Boolean networks [J]. Signal Processing, 2005, 85 (10): 1993 – 2013.

[57] Ching W, Zhang S, Ng M, et al. An approximation method for solving the steady-state probability distribution of probabilistic Boolean networks [J]. Bioinformatics, 2007, 23(12): 1511 – 1518.

[58] Kobayashi K, Hiraishi K. An integer programming approach to optimal control

problems in context-sensitive probabilistic Boolean networks [J]. Automatica, 2011, 47(6): 1260 – 1264.

[59] Datta A, Choudhary A, Bittner M, et al. External control in Markovian genetic regulatory networks [J]. Machine learning, 2003, 52(1): 169 – 191.

[60] Pal R, Datta A, Bittner M, et al. Intervention in context-sensitive probabilistic Boolean networks [J]. Bioinformatics, 2005, 21(7): 1211 – 1218.

[61] Datta A, Choudhary A, Bittner M, et al. External control in Markovian genetic regulatory networks: the imperfect information case [J]. Bioinformatics, 2004, 20(6): 924 – 930.

[62] Layek R, Datta A, Pal R, et al. Adaptive intervention in probabilistic boolean networks [J]. Bioinformatics, 2009, 25(16): 2042 – 2048.

[63] Pal R, Datta A, Dougherty E. Optimal infinite-horizon control for probabilistic Boolean networks [C]. IEEE Transactions on Signal Processing, 2006, 54(6): 2375 – 2387.

[64] Vahedi G, Faryabi B, Chamberland J, et al. Optimal intervention strategies for cyclic therapeutic methods [J]. IEEE Transactions on Biomedical Engineering, 2009, 56(2): 281 – 291.

[65] Li F, Sun J. Controllability of probabilistic Boolean control networks [J]. Automatica, 2011, 47: 2765 – 2771.

[66] Qi H, Cheng D, Hu X. Stabilization of random Boolean networks [C]// Proceedings of 2010 8th World Congress on Intelligent Control and Automation (WCICA). IEEE, 2010, 1968 – 1973.

[67] Li F, Sun J. Observability analysis of Boolean control networks with impulsive effects [J]. IET Control Theory & Applications, 2011, 5(14): 1609 – 1616.

[68] Li F, Sun J. Controllability of Boolean control networks with time delays in states [J]. Automatica, 2011, 47(3): 603 – 607.

[69] Li F, Sun J, Wu Q. Observability of Boolean control networks with state time delays [J]. IEEE Trans. Neural Networks, 2011, 22: 948 – 954.

［70］ Li F，Sun J. Controllability of higher order Boolean control networks［M］. Elsevier Science Inc. ，2012.

［71］ Li F，Sun J. Controllability and optimal control of a temporal Boolean network ［J］. Neural Networks，2012，34(4)：10－17.

［72］ Li C，Chen L，Aihara K. Stability of genetic networks with SUM regulatory logic：Lur'e system and LMI approach［J］. IEEE Transactions on Circuits and Systems I：Regular Papers，2006，53(11)：2451－2458.

［73］ Luo Q，Zhang R，Liao X. Unconditional global exponential stability in Lagrange sense of genetic regulatory networks with SUM regulatory logic［J］. Cognitive Neurodynamics，2010，4(3)：251－261.

［74］ Chesi G，Hung Y. Stability analysis of uncertain genetic sum regulatory networks［J］. Automatica，2008，44(9)：2298－2305.

［75］ Li C，Chen L，Aihara K. Stochastic stability of genetic networks with disturbance attenuation［J］. IEEE Transactions on Circuits and Systems II，2007，54(10)：892－896.

［76］ Wang W，Zhong S. Stochastic stability analysis of uncertain genetic regulatory networks with mixed time-varying delays［J］. Neurocomputing，2012，82(2)：143－156.

［77］ Wang Y，Wang Z，Liang J. On robust stability of stochastic genetic regulatory networks with time delays：a delay fractioning approach［J］. IEEE Transactions on Systems，Man，and Cybernetics，Part B：Cybernetics，2010，40 (3)：729－740.

［78］ Li X，Rakkiyappan R. Delay-dependent global asymptotic stability criteria for stochastic genetic regulatory networks with Markovian jumping parameters［J］. Applied Mathematical Modelling，2012，36(4)：1718－1730.

［79］ Lou X，Ye Q，Cui B. Exponential stability of genetic regulatory networks with random delays［J］. Neurocomputing，2010，73(4－6)：759－769.

［80］ Chen L，Aihara K. Stability of genetic regulatory networks with time delay［J］.

IEEE Transactions on Circuits and Systems I: Fundamental Theory and Applications, 2002, 49(5): 602 - 608.

[81] Wu H, Liao X, Feng W, et al. Robust stability for uncertain genetic regulatory networks with interval time-varying delays [J]. Information Sciences, 2010, 180(18): 3532 - 3545.

[82] Zhou Q, Xu S, Chen B, et al. Stability analysis of delayed genetic regulatory networks with stochastic disturbances [J]. Physics Letters A, 2009, 373(41): 3715 - 3723.

[83] Wang Z, Liu G, Sun Y, et al. Robust stability of stochastic delayed genetic regulatory networks [J]. Cognitive Neurodynamics, 2009, 3(3): 271 - 280.

[84] Li C, Chen L, Aihara K. Synchronization of coupled nonidentical genetic oscillators [J]. Physical biology, 2006, 3: 37 - 44.

[85] Lu J, Cao J. Adaptive synchronization of uncertain dynamical networks with delayed coupling [J]. Nonlinear Dynamics, 2008, 53(1): 107 - 115.

[86] Qiu J, Cao J. Global synchronization of delay-coupled genetic oscillators [J]. Neurocomputing, 2009, 72(16): 3845 - 3850.

[87] Wang Y, Wang Z, Liang J, et al. Synchronization of stochastic genetic oscillator networks with time delays and Markovian jumping parameters [J]. Neurocomputing, 2010, 73(13 - 15): 2532 - 2539.

[88] Gardner T, Cantor C, Collins J. Construction of a genetic toggle switch in Escherichia coli [J]. Nature, 2000, 403: 339 - 342.

[89] Yildirim N, Santillan M, Horike D, et al. Dynamics and bistability in a reduced model of the lac operon [J]. Chaos, 2004, 14(2): 279 - 292.

[90] Pan W, Wang Z, Gao H, et al. Monostability and multistability of genetic regulatory networks with different types of regulation functions [J]. Nonlinear Anal. RWA, 2010, 11(4): 3170 - 3185.

[91] Wu H, Sun J. P-moment stability of stochastic differential equations with impulsive jump and Markovian switching [J]. Automatica, 2006,

42(10): 1753 – 1759.

[92] Yang Z, Xu D. Stability analysis and design of impulsive control systems with time delay [J]. IEEE Trans. Automat. Control, 2007, 52(8): 1448 – 1454.

[93] Zhao S, Sun J. Controllability and observability for time-varying switched impulsive controlled systems [J]. Int. J. Robust Nonlinear Control, 2010, 20(12): 1313 – 1325.

[94] Liu Y, Zhao S, Lu J. A new fuzzy impulsive control of chaotic systems based on TS fuzzy model [J]. IEEE Transactions on Fuzzy Systems, 2011, 19(2): 393 – 398.

[95] Ruiz-Herrera A. Chaos in predator-prey systems with/without impulsive effect [J]. Nonlinear Anal. RWA, 2012, 13(2): 977 – 986.

[96] Li B. Attracting set for impulsive stochastic difference equations with continuous time [J]. Appl. Math. Lett. , in press.

[97] Li F, Sun J. Asymptotic stability of a genetic network under impulsive control [J]. Physics Letters A, 2010, 374(31 – 32): 3177 – 3184.

[98] Li F, Sun J. Stability analysis of a reduced model of the *lac* operon under impulsive and switching control [J]. Nonlinear Anal. RWA, 2011, 12(2): 1264 –1277.

[99] Jazwinski A. Stochastic processes and filtering theory [M]. Academic Press, 1970.

[100] Mahalanabis A, Farooq M. A second-order method for state estimation of non-linear dynamical systems [J]. International Journal of Control, 1971, 14(4): 631 – 639.

[101] Scherzinger B, Kwong R. Estimation and control of discrete time stochastic systems having cone-bounded non-linearities [J]. International Journal of Control, 1982, 36(1): 33 – 52.

[102] Wang Z, Ho D. Filtering on nonlinear time-delay stochastic systems [J]. Automatica, 2003, 39(1): 101 – 109.

[103] Yaz E. Linear state estimators for non-linear stochastic systems with noisy non-linear observations [J]. International Journal of Control, 1988, 48 (6): 2465 – 2475.

[104] Zhang X, Han Q L. Network-based H-infinity filtering for discrete-time systems [J]. IEEE Trans. Signal Process, 2012, 60(2): 956 – 961.

[105] Sellami A. Quantization based filtering method using first order approximation [J]. SIAM Journal on Numerical Analysis, 2010, 47: 4711 – 4734.

[106] Dokuchaev N. Optimal solution of investment problems via linear parabolic equations generated by Kalman filter [J]. SIAM J. Control Optim. , 2005, 44: 1239 – 1258.

[107] Xie L, Lu L, Zhang D, et al. Improved robust H_2 and H_∞ filtering for uncertain discrete-time systems [J]. Automatica, 2004, 40(5): 873 – 880.

[108] Budhiraja A, Kushner H. Robustness of nonlinear filters over the infinite time interval [J]. SIAM J. Control Optim. , 1998, 36(5): 1618 – 1637.

[109] Hung Y, Yang F. Robust H_∞ filtering with error variance constraints for discrete time-varying systems with uncertainty [J]. Automatica, 2003, 39(7): 1185 – 1194.

[110] Coutinho D, De Souza C, Barbosa K, et al. Robust linear H_∞ filter design for a class of uncertain nonlinear systems: an LMI approach [J]. SIAM J. Control Optim. , 2009, 48: 1452 – 1472.

[111] Zhang J, Xia Y, Shi P. Parameter-dependent robust H_∞ filtering for uncertain discrete-time systems [J]. Automatica, 2009, 45(2): 560 – 565.

[112] Wei G, Wang Z, et al. Robust filtering for gene expression time series data with variance constraints [J]. Int. J. Comput. Math. , 2007, 84: 619 – 633.

[113] Wang Z, Lam J, Wei G, et al. Filtering for nonlinear genetic regulatory networks with stochastic disturbances [J]. IEEE Trans. Automat. Control, 2008, 53(10): 2448 – 2457.

[114] Yu W, Lu J, Chen G, et al. Estimating uncertain delayed genetic regulatory

networks: an adaptive filtering approach [J]. IEEE Trans. Automat. Control, 2009, 54(4): 892 – 897.

[115] Wei G, Wang Z, Lam J, et al. Robust filtering for stochastic genetic regulatory networks with time-varying delay [J]. Mathematical biosciences, 2009, 220(2): 73 – 80.

[116] Chen B, Wu W. Robust filtering circuit design for stochastic gene networks under intrinsic and extrinsic molecular noises [J]. Mathematical biosciences, 2008, 211(2): 342 – 355.

[117] Wu F. Stability and bifurcation of ring-structured genetic regulatory networks with time delays [J]. IEEE Trans. Circuits Syst. I, 2011, (99): 1 – 9.

[118] Tang Y, Wang Z, Fang J. Parameters identification of unknown delayed genetic regulatory networks by a switching particle swarm optimization algorithm [J]. Expert Systems with Applications, 2011, 38(3): 2523 – 2535.

[119] Comet J, Fromentin J, Bernot G, et al. A formal model for gene regulatory networks with time delays [J]. Communications in Computer and Information Science, 2010, 115: 1 – 13.

[120] Batt G, De Jong H, Page M, et al. Symbolic reachability analysis of genetic regulatory networks using discrete abstractions [J]. Automatica, 2008, 44(4): 982 – 989.

[121] Farcot E, Gouze J. A mathematical framework for the control of piecewise-affine models of gene networks [J]. Automatica, 2008, 44(9): 2326 – 2332.

[122] Huang S, Ingber D. Shape-dependent control of cell growth, differentiation, and apoptosis: switching between attractors in cell regulatory networks [J]. Experimental cell research, 2000, 261(1): 91 – 103.

[123] Goodwin B. Temporal organization in cells [M]. Academic Press, 1963.

后　记

　　首先,衷心地感谢我的导师孙继涛教授.师从老师三年,孙老师在学习上、生活上给予了我很大的帮助和指导.我的每一个进步无不倾注了他大量的心血.本书是在孙老师的悉心指导下完成的,从课题的选题,到最终完稿,孙老师都严格把关,耐心指导,小到一个标点符号的错误都不放过.导师以渊博的知识和高瞻远瞩的学术眼光给我科研上提供了很多建设性的意见.孙老师严谨的治学态度时刻感染着我,成为我奋发向上的动力;孙老师深厚的数学功底,敏锐的数学观察力,将成为我今后学习和追求的目标.谨此向恩师表达我最衷心的感谢.同时感谢师母张银萍老师在我学习期间在学习和生活上给予我的指导、帮助和无微不至的关怀.

　　感谢我的硕士导师贾梅老师.贾老师扎实的学术功底、对待学术严谨、认真的态度以及淡泊名利的人生观感染着我.借此机会向贾老师表示诚挚的谢意,感谢老师对我生活上、学习上的关怀!

　　感谢董跃武老师,张瑜老师,谷玉盈,赵寿为,申丽娟,杨伟,李春香,许佳,完晓君,陈浩,张硕睿,索婧慧,方涛等同门,与诸位在同济,同甘共苦,互相扶持,这段时光让人难以忘怀.

　　感谢中科院系统所的程代展老师.程老师对科研浓厚的兴趣,孜孜不倦的勤奋精神和勇于开拓的创新精神深深激励着我.我几次以邮件的形式向程老师请教问题,他都不厌其烦地、耐心地给予解答,借此机会向程老师表示我诚挚的谢意!

感谢中科院系统所的博士生赵寅以及山东大学的博士生李海涛. 在一起讨论问题的过程中,他们的一些想法和建议使我受益匪浅.

衷心感谢我最挚爱的父母和爱人. 他们的爱静水流深,没有他们的支持鼓励,就没有这本书. 谨以此书献给我的家人,祝福他们健康! 平安!

由于本人水平有限,书中难免会存在一些不足之处,真诚地希望各位专家、学者和同仁不吝指正. 谢谢!

李芳菲